学ぶ人は、
変えて
ゆく人だ。

目の前にある問題はもちろん、

人生の問いや、

社会の課題を自ら見つけ、

挑み続けるために、人は学ぶ。

「学び」で、

少しずつ世界は変えてゆける。

いつでも、どこでも、誰でも、

学ぶことができる世の中へ。

旺文社

もくじ

教科書対照表 下記専用サイトをご確認ください。

https://www.obunsha.co.jp/service/teikitest/

S T A F F

編集協力	有限会社マイプラン
校正	下村良枝／田中麻衣子／平松元子
装丁デザイン	groovisions
本文デザイン	大滝奈緒子（プラン・グラフ）
本文イラスト	長谷川盟
写真協力	アーテファクトリー

本書の特長と使い方

本書の特長

1 STEP 1 **要点チェック**, STEP 2 **基本問題**, STEP 3 **得点アップ問題**の3ステップで, 段階的に定期テストの得点力が身につきます。

2 スケジュールの目安が示してあるので, 定期テストの範囲を1日30分×7日間で, 計画的にスピード完成できます。

3 コンパクトで持ち運びしやすい「+10点暗記ブック」&赤シートで, いつでもどこでも, テスト直前まで大切なポイントを確認できます。

STEP 1 要点チェック

テスト1週間前から確認!

単元の要点をまとめたページです。テスト範囲の大事なポイントを確認しましょう。

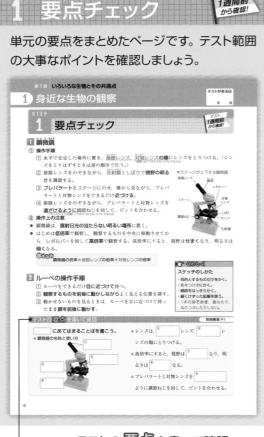

テストの **要点** を書いて確認
大事なポイントを,
書き込んで整理できます。

STEP 2 基本問題

テスト5日前から確認!

基本的な問題で単元の内容を確認しながら, 定期テストの問題形式に慣れるよう練習しましょう。

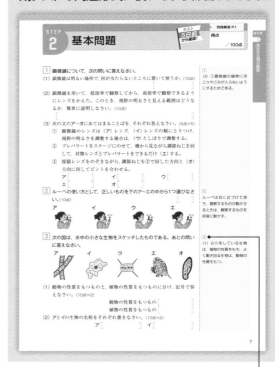

わからない問題は, 右のヒントを見ながら解くことで, 理解が深まります。

アイコンの説明

 これだけは覚えたほうがいい内容。

 テストで間違えやすい内容。

 その単元のポイントをまとめた内容。

 難しい問題。これが解ければテストで差がつく！

 文章で説明する問題。

 図やグラフをかく問題。

よくでる テストによくでる問題。時間がないときはここから始めよう。

 実際の入試問題。定期テストに出そうな問題をピックアップ。

STEP 3 得点アップ問題

テスト3日前から確認！

単元の総仕上げ問題です。テスト本番と同じように取り組んで，得点力を高めましょう。

―― アイコンで，問題の難易度などがわかります。

定期テスト予想問題

章末のまとめ問題です。総合的な問題にチャレンジできます。

+10点 暗記ブック

コンパクトで，テスト当日の確認にピッタリ！赤シート付き。

1 身近な生物の観察

STEP 1 要点チェック

テスト1週間前から確認!

1 顕微鏡

① 操作手順

1. 水平で安定した場所に置き，接眼レンズ，対物レンズの順にレンズをとりつける。（レンズをとりはずすときは逆の順序で行う。）
   └鏡筒にほこりが入らないようにするため。
2. 接眼レンズをのぞきながら，反射鏡としぼりで視野の明るさを調節する。
3. プレパラートをステージにのせ，横から見ながら，プレパラートと対物レンズをできるだけ近づける。
4. 接眼レンズをのぞきながら，プレパラートと対物レンズを遠ざけるように調節ねじを回して，ピントを合わせる。
   └プレパラートと対物レンズがぶつからないようにするため。

▼ステージが上下する顕微鏡

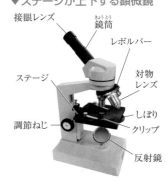

接眼レンズ／鏡筒／レボルバー／ステージ／対物レンズ／調節ねじ／しぼり／クリップ／反射鏡

② 操作上の注意

● 顕微鏡は，直射日光の当たらない明るい場所に置く。
● はじめは低倍率で観察し，観察するものを中央に移動させてから，レボルバーを回して高倍率で観察する。高倍率にすると，視野はせまくなり，明るさは暗くなる。

ポイント

　顕微鏡の倍率＝接眼レンズの倍率×対物レンズの倍率

2 ルーペの操作手順

1. ルーペをできるだけ目に近づけて持つ。
2. 観察するものを前後に動かしながらよく見える位置を探す。
3. 動かせないものを見るときは，ルーペを目に近づけて持ったまま顔を前後に動かす。

くわしく

スケッチのしかた
・目的とするものだけをかく。
・影をつけずにかく。
・細部をはっきりかく。
・細くけずった鉛筆を使う。
・1本の線でかき，重ねたり，ぬりつぶしたりしない。

テストの 要点 を書いて確認

別冊解答 P.1

□ にあてはまることばを書こう。
● 顕微鏡の名称と使い方

①
②
③
④

● レンズは，⑤　　レンズ，⑥　　レンズの順にとりつける。

● 高倍率にすると，視野は⑦　　なり，明るさは⑧　　なる。

● プレパラートと対物レンズを⑨　　ように調節ねじを回して，ピントを合わせる。

基本問題

テスト
5日前
から確認!

別冊解答 P.1

得点

／100点

第1章
1
身近な生物の観察

1 顕微鏡について，次の問いに答えなさい。

(1) 顕微鏡は明るい場所で，何が当たらないところに置いて使うか。(10点)

［　　　　　　　　　　　　　　　］

(2) 顕微鏡を用いて，低倍率で観察してから，高倍率で観察できるように
レンズをかえた。このとき，視野の明るさと見える範囲はどうなるか，簡単に説明しなさい。(10点)

［　　　　　　　　　　　　　　　　　　　　　　　　　　　　　　　　］

(3) 次の文のア〜オにあてはまることばを，それぞれ答えなさい。(6点×5)

① 顕微鏡のレンズは（ア）レンズ，（イ）レンズの順にとりつけ，視野の明るさを調整する場合は，（ウ）としぼりで調整する。

② プレパラートをステージにのせて，横から見ながら調節ねじを回して，対物レンズとプレパラートをできるだけ（エ）する。

③ 接眼レンズをのぞきながら，調節ねじを②で回した方向と（オ）方向に回してピントを合わせる。

ア［　　　　　　］　　　イ［　　　　　　］　　　ウ［　　　　　　］

エ［　　　　　　］　　　オ［　　　　　　］

2 ルーペの使い方として，正しいものを下のア〜エの中から1つ選びなさい。(10点)

［　　　　　　　］

ア　　　　　　　　イ　　　　　　　　ウ　　　　　　　　エ

3 次の図は，水中の小さな生物をスケッチしたものである。あとの問いに答えなさい。

ア　　　　　　イ　　　　　ウ　　　　　エ　　　　　オ

(1) 動物の性質をもつものと，植物の性質をもつものに分け，記号で答えなさい。(10点×2)

動物の性質をもつもの［　　　　　　　　］

植物の性質をもつもの［　　　　　　　　］

(2) アとイの生物の名称をそれぞれ書きなさい。(10点×2)

ア［　　　　　　　　　　］イ［　　　　　　　　　　］

1
(3) ①顕微鏡の鏡筒にほこりやごみが入らないようにするためである。

2
ルーペは目に近づけて持ち，観察するものが動かせるときは，観察するものを前後に動かす。

3
(1) 緑色をしている生物は，植物の性質をもち，よく動き回る生物は，動物の性質をもつ。

STEP
3
得点アップ問題

テスト
3日前
から確認!

別冊解答 P.1

得点

／100点

1 下の図は，10種類の生物を特徴によって分類したものである。あとの問いに答えなさい。

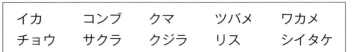

| イカ | コンブ | クマ | ツバメ | ワカメ |
| チョウ | サクラ | クジラ | リス | シイタケ |

```
                                      ┌─ おもに走る ── ①
                      ┌─ 移動する ──┤
        ┌─ 陸上で生活する ─┤          └─ おもに飛ぶ ── ②
        │             └─ 移動しない ──────── ③
        │
        └─ 水中で生活する ─┬─ 移動する ──────────── ④
                      └─ 移動しない ─────────── ⑤
```

(1) シイタケは，図の①～⑤のどこにあてはまるか。(6点)

(2) 図の①にあてはまる生物はどれか。2つ答えなさい。(6点×2)

(3) 図の④にあてはまる生物はどれか。2つ答えなさい。(6点×2)

(1)		(2)		
(3)				

2 右の図は，双眼実体顕微鏡である。また，下の文は，双眼実体顕微鏡の使い方の手順を示したものである。あとの問いに答えなさい。

[手順]

1 （①）の間隔を調節し，左右の視野が重なるようにする。

2 （②）をゆるめ，鏡筒を上下させて，（③）目でおよそのピントを合わせる。次に，（④）目でのぞきながら，微動ねじでピントを合わせる。

3 左目だけでのぞきながら，（　　　　　　　　　　　　）

(1) ①～④にあてはまることばをそれぞれ答えなさい。(5点×4)

文章記述 (2) 3の操作の（　　）は，どのような操作があてはまるか。簡単に説明しなさい。(7点)

文章記述 (3) 双眼実体顕微鏡を使うと，ものはどのように見えるか。簡単に説明しなさい。(7点)

(1)	①		②		③		④	
(2)								
(3)								

3 右の図は，顕微鏡である。また，次の文は顕微鏡の使い方の手順を示したものである。あと
の問いに答えなさい。

[手順]

① 顕微鏡を，水平で安定した机の上に置く。

② 接眼レンズ，対物レンズの順にとりつける。

③ 接眼レンズをのぞきながら，反射鏡としぼりで視野の明るさを調
節する。

④ プレパラートを（①）の上にのせ，横から見ながらプレパラートと
対物レンズをできるだけ近づける。

⑤ 接眼レンズをのぞきながら，プレパラートと対物レンズを遠ざけるように，少しずつ
（②）を回して，ピントを合わせる。

(1) 上の文の①，②にあてはまる部分を上の顕微鏡の図から選び，その記号と名称を書きなさ
い。（6点）

文章記述
(2) ②の操作で，接眼レンズ，対物レンズの順にとりつけるのはなぜか。簡単に説明しなさい。
（6点）

文章記述
(3) ④の操作で，下線部のような操作を行うのはなぜか。簡単に説明しなさい。（6点）

(4) 高倍率にするときに使う（回す）ところはどこか。その部分を上の顕微鏡の図から選び，
その記号と名称を書きなさい。（6点）

(5) 下の図は，10倍・15倍の接眼レンズと10倍・40倍の対物レンズを表している。いちばん高
倍率で観察するときは，どの接眼レンズと対物レンズを用いればよいか。記号で答えなさ
い。また，そのときの顕微鏡の倍率を書きなさい。（6点）

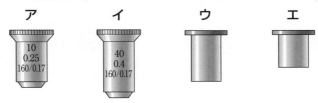

ア　　　　　イ　　　　　ウ　　　　　エ

(6) 水の中の小さな生物を顕微鏡で観察したところ，右の図のようなも
のが見えた。左に見えているものを視野の中央に移動させるには，
プレパラートをどの向きに動かせばよいか。次のア〜エから１つ選
び，記号で答えなさい。ただし，この顕微鏡は上下・左右が逆向き
に見えるものとする。（6点）

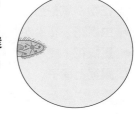

ア　右　　イ　左　　ウ　上　　エ　下

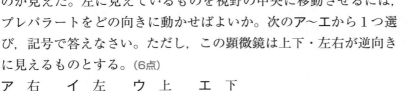

(1)	①	記号		名称		②	記号		名称	
(2)										
(3)										
(4)	記号		名称			(5)	記号		倍率	
(6)										

2 花のつくり

STEP 1 要点チェック

テスト
1週間前
から確認!

1 花のつくり

① 被子植物の花のつくり おぼえる!

被子植物の花のつくりはふつう，めしべを中心におしべ，花弁，がくの順になっている。

● 柱頭…めしべの先の部分。

● やく…おしべの先の袋状の部分。中には花粉が入っている。

● 子房…めしべのもとの，ふくらんだ部分。中には胚珠がある。

● 胚珠…めしべのもとの，子房の中にある部分。

▼被子植物の花のつくり

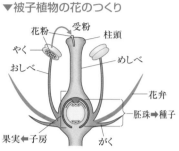

観察

いろいろな花のつくりの観察

花弁の数やつき方は，花の種類によって異なる。

アブラナ　めしべ　おしべ　花弁　がく

ツツジ

くわしく

● 合弁花…花弁がくっついている花。
例 ツツジ，タンポポ，アサガオ

● 離弁花…花弁が1枚1枚離れている花。
例 アブラナ，エンドウ，サクラ

ヘチマのように，めしべのない雄花とおしべのない雌花がさく花もある。

2 花の変化

① 受粉

花粉が風や動物などによって運ばれ，めしべの柱頭につくこと。

● 虫媒花…花粉が，昆虫によって運ばれる花。

● 風媒花…花粉が，風によって運ばれる花。

② 果実と種子

受粉すると，子房は果実，胚珠は種子に成長する。

テストの 要点 を書いて確認

別冊解答 P.2

□ にあてはまることばを書こう。

①
②
③
④

● 被子植物のまとめ

おしべの先端の ⑤ □ から花粉が出て，めしべの先の ⑥ □ につくことを ⑦ □ という。この後，⑧ □ は，成長して種子となる。また，⑨ □ は，成長して果実となる。

1 右の図はアブラナの花の断面を表したものである。次の問いに答えなさい。

(1) 図中の**a ～ g**をそれぞれ何という
か。名称を答えなさい。(6点×7)

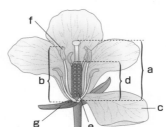

a [　　　　　]　b [　　　　　]

c [　　　　　]　d [　　　　　]

e [　　　　　]　f [　　　　　]

g [　　　　　]

(2) 図の中で，花粉が入っている部分は
どこか。**a ～ g**の記号で答えなさい。(7点)　[　　　　　]

(3) 図の**a**のうち，花粉がつくところを何というか。(7点)

[　　　　　]

(4) 図の**d**の部分は，受粉後，成長すると何になるか。(7点)

[　　　　　]

(5) 図の中で，受粉後，成長して種子になる部分はどこか。**a ～ g**の記
号で答えなさい。(7点)　[　　　　　]

1
(1) 被子植物の花は，ふ
つう，がく・花弁・おしべ・
めしべからできている。
(3) 花粉がめしべの柱頭
につくことを受粉という。

2 下の図のA，Bは，エンドウとツツジのいずれかの花弁のようすを表し
たものである。あとの問いに答えなさい。

A　　　　　　　　　　　　　　　　　　　　　B

(1) 図の**A**，**B**のうち，エンドウの花弁はどちらか。記号で答えなさい。
(7点)　[　　　　　]

(2) 図の**A**のように，花弁が1枚1枚離れている花を何というか。

(8点)

[　　　　　]

(3) 図の**B**のように，花弁がたがいにくっついている花を何というか。

(8点)

[　　　　　]

(4) 次のア～ウのうち，図の**A**のような花弁をもつ植物を1つ選び，記
号で答えなさい。(7点)　[　　　　　]

ア　アサガオ

イ　タンポポ

ウ　サクラ

2
被子植物の花には，花弁が
1枚1枚離れているもの
と，花弁がくっついている
ものがある。

STEP
3
得点アップ問題

テスト
3日前
から確認!

別冊解答 P.2

得点

／100点

1 下の図は，ある植物の花のつくりを1つずつはがしてそのつくりごとに並べたものである。あと
の問いに答えなさい。

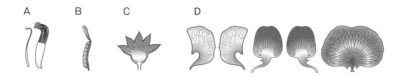

(1) 上の図は，何という植物の花のつくりを表したものか。次から１つ選んで書きなさい。(3点)

[アブラナ   ツツジ   エンドウ   タンポポ]

(2) 上の図のA 〜 Dの名称を，それぞれ答えなさい。(3点×4)

(3) 上の図のA 〜 Dを，花の外側に位置するものから順番に並べかえなさい。(3点)

(4) Aの先端の花粉が入った部分を何というか。(3点)

(5) 図の植物のように，花弁が１枚１枚離れている花を何というか。(3点)

(6) (5)の花をもつものを次のア〜エから２つ選び，記号で答えなさい。(3点)

ア アサガオ   イ サクラ   ウ ナズナ   エ ヒマワリ

(1)					
(2)	A			B	
	C			D	
(3)	→ → →			(4)	
(5)				(6)	

2 右の図は，サクラの花の断面を表したものである。次の問いに答えなさい。

(1) b，cの部分の名称を答えなさい。(4点×2)

(2) 花粉がaの部分につくことを何というか。(4点)

(3) 成長すると果実になる部分を，図のa 〜 dの中から選びなさい。(4点)

(4) cの部分があることから，サクラは何という植物のなかまであること
がわかるか。(4点)

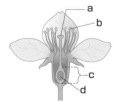

文章
記述
(5) (4)の植物のなかまの特徴をc，dの名称を用いて簡単に説明しなさい。(5点)

(1)	b		c	
(2)		(3)		(4)
(5)				

3 右の図は，サクラとツツジの花の一部をスケッチしたものである。次の問いに答えなさい。

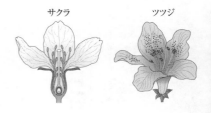
サクラ　　　ツツジ

(1) サクラのような花弁のつくりをしている花を何というか。(4点)

文章記述
(2) サクラの花弁は，どのようになっているか。簡単に説明しなさい。(6点)

文章記述
(3) ツツジの花弁は，どのようになっているか。簡単に説明しなさい。(6点)

(4) ツツジのような花弁をもつ植物を，次のア～エから2つ選び，記号で答えなさい。(4点)

　　ア　タンポポ　　　イ　アサガオ
　　ウ　エンドウ　　　エ　アブラナ

(1)	
(2)	
(3)	
(4)	

4 右の図は，アブラナの花を模式的に表したものである。次の問いに答えなさい。

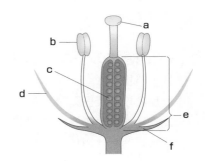

(1) 図のd，fをそれぞれ何というか。(4点×2)

(2) アブラナのおしべとめしべの本数を，それぞれ答えなさい。(4点×2)

(3) 次のア～エは，花粉についての記述である。正しいものを1つ選び，記号で答えなさい。(4点)

　　ア　おしべの根もとのふくらんだ部分に入っている。
　　イ　おしべの先端にある小さな袋に入っている。
　　ウ　めしべの根もとのふくらんだ部分に入っている。
　　エ　めしべの先端にある小さな袋に入っている。

(4) 花粉が，図のa～fのどの部分につくことを受粉というか。(4点)

(5) 次のア～エは，図のcの部分についての記述である。正しいものを1つ選び，記号で答えなさい。(4点)

　　ア　cの部分は胚珠で，受粉後，成長して果実になる。
　　イ　cの部分は胚珠で，受粉後，成長して種子になる。
　　ウ　cの部分は子房で，受粉後，成長して果実になる。
　　エ　cの部分は子房で，受粉後，成長して種子になる。

(1)	d		f	
(2)	おしべ		めしべ	
(3)		(4)		(5)

3 裸子植物と被子植物

STEP 1 要点チェック

テスト1週間前から確認！

1 裸子植物（マツ）の花のつくり

マツの花は雌花と雄花に分かれていて，花弁やがくはない。また，子房がないため，果実はできない。

① 雌花…子房がなく，胚珠はむき出しのまま直接りん片についている。

② 雄花…りん片には，花粉のうがついていて，中には花粉が入っている。

▼ マツのつくり

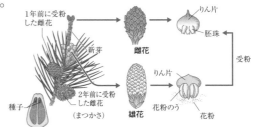

1年前に受粉した雌花　新芽　雌花　りん片　胚珠　受粉
種子　2年前に受粉した雌花（まつかさ）　雄花　りん片　花粉のう　花粉

2 種子植物の分類

種子植物は種子ができる植物で，種子によってなかまをふやしている。

① 裸子植物…子房がなく，胚珠がむき出しになっている。　例 マツ・スギ・イチョウ

② 被子植物…胚珠が子房の中にある。　例 アブラナ・エンドウ・ツツジ・サクラ

3 被子植物の子葉・葉脈・根のつくり おぼえる！

被子植物には，ホウセンカなどのように子葉が2枚の双子葉類，トウモロコシなどのように子葉が1枚の単子葉類がある。双子葉類の葉脈は網目状の網状脈で，根は主根と側根からなる。単子葉類の葉脈は平行脈で，根はひげ根である。どの根も，先端には細い毛のような根毛が生えている。

	子葉の数	葉脈のようす	根のつくり
双子葉類	子葉が2枚	網目状 網状脈	側根　主根 主根・側根がある
単子葉類	子葉が1枚	平行 平行脈	ひげ根

テストの 要点 を書いて確認

別冊解答 P.2

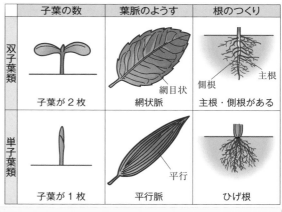

雄花

①　②　③

● 裸子植物のまとめ

マツの花は，④ □ と⑤ □ に分かれていて⑤についている⑥ □ は，むき出しになっている。まつかさは，2年前に受粉した⑦ □ である。

基本問題

テスト
5日前
から確認!

1 右の図はマツの花のようすを表したものである。次の問いに答えなさい。

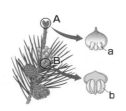

(1) 図のA，Bのうち，雌花はどちらか。記号で答えなさい。(10点) [　　　　　]

(2) 図のa，bのうち，種子になる部分はどちらか。記号で答えなさい。(10点) [　　　　　]

(3) 次のア～エの植物から，マツやスギなどのようにaがむき出しになっているなかまを1つ選び，記号で答えなさい。(10点) [　　　　　]

ア　ツユクサ　　イ　ホウセンカ　　ウ　イチョウ　　エ　スギナ

2 アブラナとマツについて，次の問いに答えなさい。

(1) アブラナの胚珠は何の中にあるか。名称を答えなさい。(7点) [　　　　　]

(2) アブラナに対して，マツのような植物のなかまを何植物というか。(7点) [　　　　　]

3 次の図は，根のつくりと葉脈のようすを表している。あとの問いに答えなさい。

A　　　　　　B　　　　　　C　　　　　　D

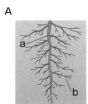  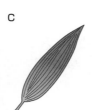 

(1) 図のAのa，bのような根を，それぞれ何というか。(7点×2)
a [　　　　　] b [　　　　　]

(2) 図のBのような根を何というか。(7点) [　　　　　]

(3) 根の先端に見られる毛のようなものを何というか。(7点) [　　　　　]

(4) 図のC，Dのような葉脈を，それぞれ何というか。(7点×2)
C [　　　　　] D [　　　　　]

(5) ホウセンカの根のつくりと葉脈をA～Dから選び，それぞれ記号で答えなさい。(7点×2)
根のつくり [　　　　　] 葉脈 [　　　　　]

1
(1) マツの花は雌花と雄花に分かれている。

2
(1) アブラナは被子植物のなかまである。

3
(3) Aの根にもBの根にもある。
(5) ホウセンカは双子葉類のなかまである。

STEP
3
得点アップ問題

テスト
3日前
から確認!

別冊解答 P.3

得点
／100点

1 右の図は，マツの花のようすを表したものである。次の問いに答えなさい。

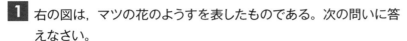

(1) aの部分の名称を答えなさい。(4点)

(2) 成長してまつかさになるのは，雌花・雄花のどちらか。(4点)

(3) 図で花粉がつくられるのは，a，bのどちらか。(4点)

(4) マツの花粉は何によって運ばれるか。(4点)

(5) 次の図で，マツの花粉はどれか。ア～エから選びなさい。(4点)

ア　　　　　イ　　　　　ウ　　　　　エ

(6) 次のア～エは，マツについての記述である。正しいものを2つ選び，記号で答えなさい。

ア　花粉が胚珠に直接つく。　　　イ　成長すると果実ができる。　　(5点)

ウ　花をさかせ種子をつくる。　　エ　花弁やがくがある。

(1)		(2)		(3)	
(4)		(5)		(6)	

2 右の図は，ある植物の葉を表したものである。表は，被子植物を子葉の枚数によってなかま分けしたものである。次の問いに答えなさい。

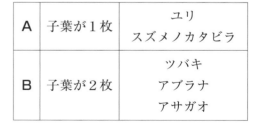

(1) 表のAのように，子葉が1枚の植物のなかまを何というか。(4点)

(2) 図の葉にあるaのすじのようなものを何というか。(4点)

(3) 葉のすじが図のようになっている植物は，A，Bのどちらか。(4点)

文章記述
(4) (3)で選ばなかった植物のなかまは，葉のすじがどのようになっているか。簡単に説明しなさい。(6点)

(5) 葉のすじが，図のような植物を，次のア～エから2つ選び，記号で答えなさい。(4点)

ア　サクラ　　　　イ　ツユクサ

ウ　エンドウ　　　エ　トウモロコシ

A	子葉が1枚	ユリ スズメノカタビラ
B	子葉が2枚	ツバキ アブラナ アサガオ

(1)		(2)		(3)	
(4)					
(5)					

3 右の表は，共通のなかまのふやし方をする植物を，2つの
グループA，Bに分けたものである。次の問いに答えなさい。

A	アサガオ，サクラ，ユリ
B	スギ，マツ，ソテツ

(1) 表のA，Bの植物は，なかまのふやし方が同じである。これらの植物をまとめて何というか。（4点）

(2) 次のア～エは，表の植物の特徴についての記述である。表のAの植物についての記述として正しいものを1つ選び，記号で答えなさい。（4点）

  ア　雄花と雌花がある。　　　　イ　根が主根と側根からなる。

  ウ　胚珠が子房の中にある。　　エ　胚珠がむき出しである。

(3) Bのグループの植物をまとめて何というか。（4点）

(4) イチョウ，イネ，ヒマワリは，それぞれA，Bのどちらのグループに分けられるか。

(3点×3)

(1)		(2)		(3)	
(4)	イチョウ		イネ		ヒマワリ	

4 右の図1, 図2は，ホウセンカとツユクサの葉と根のようすをスケッチしたものである。次の問いに答えなさい。

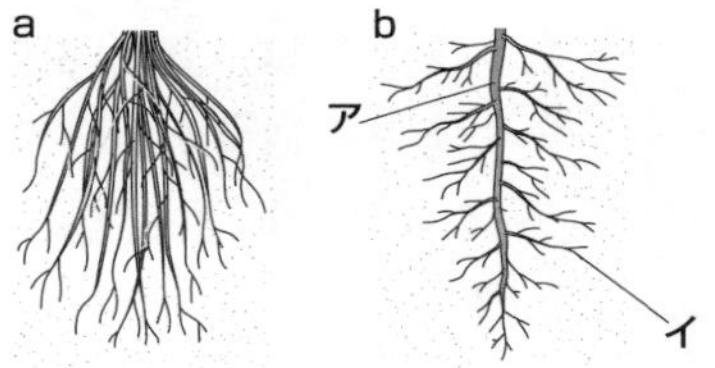

(1) ホウセンカの葉は，図1のA，Bのどちらか。（4点）

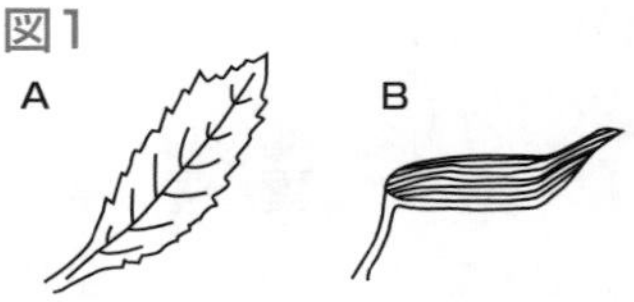

(2) ツユクサの根は，図2のa，bのどちらか。（4点）

(3) 次の文の①～③にあてはまる語句を書きなさい。（3点×3）

  図2のaは，茎から細い根が直接出ており，このような根を（①）という。また，bのアの太い根を（②）といい，そこから出ているイの細い根を（③）という。

(4) 植物の根には，先端近くに細かい毛のようなものが多く生えている。この毛のようなものを何というか。（5点）

図1

図2

(1)		(2)			
(3)	①		②		③	
(4)					

5 右の図は，ツツジの花のようすを表したものである。次の問いに答えなさい。

(1) ツツジの花の胚珠はどのようになっているか。簡単に説明しなさい。

(6点)

(2) (1)のような特徴のある植物のなかまを何というか。（4点）

(1)	
(2)	

17

4 植物の分類

STEP 1 要点チェック

テスト1週間前から確認!

1 種子をつくる植物の分類

① 被子植物と裸子植物

- 種子植物…種子をつくってなかまをふやす植物。被子植物と裸子植物に分けられる。
- 被子植物…胚珠が子房の中にある植物。被子植物は，**双子葉類**と**単子葉類**に分けられる。
- 裸子植物…子房がなく，胚珠がむき出しになっている植物。

② 双子葉類と単子葉類

- 双子葉類…子葉が**2枚**である。**合弁花類**と**離弁花類**がある。
  └花弁がくっついている。　└花弁が1枚1枚離れている。
- 単子葉類…子葉が**1枚**である。

2 種子をつくらない植物

植物の中には，種子をつくらずに，胞子をつくってなかまをふやすものもある。

① シダ植物
└多くが日かげや湿った場所に生える。

- からだには**葉，茎，根の区別がある**。水分は根で吸収され，からだ全体に運ばれる。
- 茎は，地下もしくは地表近くにあるものが多い。
  └地下にある茎を地下茎という。
- イヌワラビは，**葉の裏側**に**胞子のう**という袋をつけ，中に胞子が入っている。
  └胞子が熟すと，はじけて胞子を飛ばす。

例 イヌワラビ・スギナ・ゼンマイ・ノキシノブ

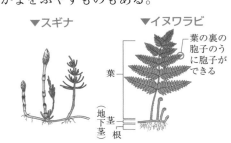

▼スギナ　▼イヌワラビ

葉の裏の胞子のうに胞子ができる

葉

（地下茎）

根

② コケ植物
└多くが日かげや湿った場所に生える。

- スギゴケやゼニゴケには**雄株**と**雌株**があり，胞子は雌株でつくられる。
- **葉，茎，根の区別がはっきりしない。**
- 根のように見える部分は**仮根**とよばれ，おもにからだを土や岩に固定する役割がある。

例 ゼニゴケ・スギゴケ・エゾスナゴケ・タチゴケ

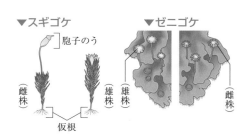

▼スギゴケ　▼ゼニゴケ

胞子のう

（雌株）（雄株）（雄株）　（雌株）

仮根

テストの要点を書いて確認

別冊解答 P.3

□ にあてはまることばを書こう。

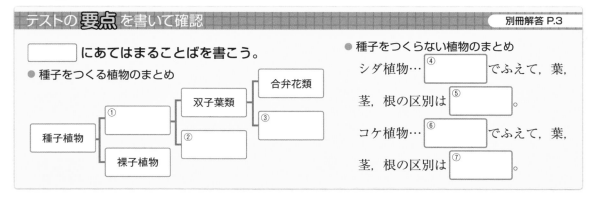

● 種子をつくる植物のまとめ

種子植物 ┬ ① ┬ 双子葉類 ┬ 合弁花類
　　　　　│　　　　　　　└ ③
　　　　　│　　② ┘
　　　　　└ 裸子植物

● 種子をつくらない植物のまとめ

シダ植物… ④ でふえて，葉，茎，根の区別は ⑤ 。

コケ植物… ⑥ でふえて，葉，茎，根の区別は ⑦ 。

STEP 2 基本問題

別冊解答 P.3

得点 ／100点

---

1 次の図は，種子植物をいくつかの特徴によって分類したものである。あとの問いに答えなさい。

種子植物 ─── 胚珠が子房 の中にある ─── 子葉が2枚（**B**）
                              ─── 子葉が1枚（**C**）
         ─── 胚珠がむき 出し（**A**）

(1) 図の**A**の植物のなかまを何というか。(15点) [　　　　　　]

(2) 図の**B**の植物のなかまを何というか。(15点) [　　　　　　]

(3) 図の**C**のなかまに分類される植物を次のア～エから1つ選び，記号で答えなさい。(15点) [　　　　]

　ア　タンポポ　　イ　スギナ　　ウ　ユリ　　エ　エンドウ

1
(1) 子房がなく，胚珠がむき出しになっている植物は，マツなどのなかまである。

---

2 右の図は，イヌワラビのからだのつくりを表したものである。次の問いに答えなさい。

a
b ─ 若い葉
c
d

(1) 図の**a**～**d**のうち，茎はどこか。記号で答えなさい。(15点) [　　　　]

(2) 次のア～エのうち，イヌワラビの性質にあてはまるものを1つ選び，記号で答えなさい。(15点) [　　　　]

　ア　花がさく。
　イ　種子をつくる。
　ウ　雄株と雌株がある。
　エ　胞子のうは葉の裏側にある。

2
イヌワラビはシダ植物のなかまである。

---

3 右の図は，スギゴケのからだのつくりを表したものである。次の問いに答えなさい。

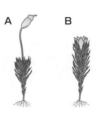

A　　　B

(1) 雌株は**A**，**B**のどちらか。記号で答えなさい。(10点)

[　　　　　　]

(2) スギゴケは何でなかまをふやすか。(15点)

[　　　　　　]

3
スギゴケなどのコケ植物はシダ植物と同じふえ方をする。

STEP
3
得点アップ問題

テスト
3日前
から確認!

別冊解答 P.4

得点
／100点

1 右の図は，植物をいろいろな特徴でなかま分けしたものである。次の問いに答えなさい。

難(1) C，D，Gのグループで，それぞれ共通する特徴は何か。次のア～カから1つずつ選び，記号で答えなさい。

(4点×3)

ア　子葉が1枚である。　　イ　子葉が2枚である。

ウ　胚珠がむき出しである。　エ　胚珠が子房の中にある。

オ　花弁がくっついている。　カ　花弁が1枚1枚離れている。

(2) B，Fのグループのなかまをそれぞれ何というか。(3点×2)

(3) ツツジとチューリップは，それぞれC，E，F，Gのどのグループに分類されるか。(3点×2)

(1)	C		D		G	
(2)	B			F		
(3)	ツツジ			チューリップ		

2 下の図は，いろいろな特徴によって植物を分類したものである。あとの問いに答えなさい。

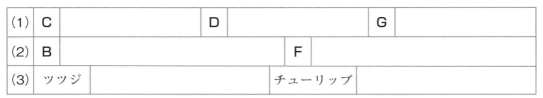

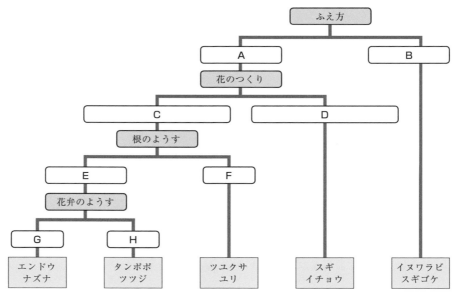

(1) A～Hには，植物の特徴が入る。あてはまる特徴を次のア～クからそれぞれ選び，記号で答えなさい。(2点×8)

ア　種子でふえる　　イ　胞子でふえる　　ウ　花弁がくっついている

エ　花弁が1枚1枚離れている　　オ　胚珠がむき出しになっている

カ　胚珠が子房の中にある　　　　キ　ひげ根をもつ　　ク　主根と側根からなる

(2) 図では，イヌワラビとスギゴケを分類することができなかった。イヌワラビとスギゴケを分類するには，どのような特徴で分類すればよいか。簡単に説明しなさい。(4点)

(3) 図のDにあてはまるスギ・イチョウのような植物のなかまを何というか。(4点)

(4) 図のHにあてはまるタンポポ・ツツジのような植物のなかまを何というか。(4点)

(1)	A		B		C		D		E		F		G		H	
(2)																
(3)								(4)								

3 右の図1はイヌワラビのからだのつくりを，図2はからだのある部分の拡大図である。次の問いに答えなさい。

(1) 図1のア～エから，根の部分を選び，記号で答えなさい。(4点)

(2) 図2のAとBの名称をそれぞれ答えなさい。(5点×2)

(3) イヌワラビやゼンマイなどのなかまを何というか。(4点)

(4) イヌワラビには，花がさくかさかないか。どちらかで答えなさい。(4点)

(1)		(2)	A			B		
(3)				(4)				

4 右の図はゼニゴケの雄株と雌株である。次の問いに答えなさい。

(1) ゼニゴケは何という植物のなかまか。(4点)

(2) 図のAはゼニゴケの雄株と雌株のどちらか。(4点)

(3) (1)の植物のなかまは，何によってふえるか。(4点)

(4) 次の文はゼニゴケのからだの特徴について説明したものである。文中の①・②にあてはまる語句を入れなさい。(4点×2)

ゼニゴケには，葉，茎，根の区別が（　①　），図のXの部分は（　②　）とよばれる。

(5) (1)のなかまはどのような場所に育つか。次のア～ウから1つ選び，記号で答えなさい。

(6点)

ア　日当たりのよい乾燥した場所　　イ　日当たりの悪い湿った場所　　ウ　水の中

(1)			(2)			(3)		
(4)	①		②			(5)		

5 動物の分類

STEP 1 要点チェック

テスト
1週間前
から確認!

1 セキツイ動物 おぼえる!

① セキツイ動物：**背骨をもつ動物**。魚類，両生類，ハチュウ類，鳥類，ホニュウ類

② **呼吸のしかた**

- えらで呼吸…**魚類**はえらで呼吸し，**両生類の子**はえらと皮膚で呼吸している。

- 肺で呼吸…**ハチュウ類，鳥類，ホニュウ類は肺，両生類は成長すると肺と皮膚で呼吸**する。

③ **子のうまれ方**

- 卵生…親がうんだ卵から子がかえる。**魚類，両生類，ハチュウ類，鳥類**

- 胎生…母体内である程度育った子がうまれる。**ホニュウ類**

④ **草食動物と肉食動物**

- 草食動物…植物を食べる動物。目が**横向き**についていて，
  <u>広い範囲を見わたせる</u>。**門歯**と**臼歯**が発達。
  └敵を発見しやすい。

- 肉食動物…ほかの動物を食べる動物。目が**前向き**について
  いて，<u>ものが立体的に見える範囲が広い</u>。**犬歯**が発達。
  └えものまでの距離をつかみやすい。

▼ 目のつき方と見える範囲

草食動物の目の位置　　肉食動物の目の位置

立体的に
見える範囲

2 無セキツイ動物

① 無セキツイ動物：**背骨をもたない動物**。節足動物や軟体動物など。

② 節足動物：**昆虫類や甲殻類**，クモ，ムカデ，ヤスデなど。
   からだが**外骨格**とよばれるかたい殻でおおわれていて，外骨格
   の内側についた筋肉であしを動かす。からだやあしに**節がある**。

- 昆虫類…からだが**頭部・胸部・腹部**の3つに分かれ，**6本のあし**
  がある。胸部や腹部にある**気門**から空気をとり入れている。　例 バッタ，チョウ，カブトムシ

- 甲殻類…多くが水中で生活し，**えらや体表全体で呼吸**している。　例 エビ，カニ，ザリガニ

③ 軟体動物：内臓が**外とう膜**とよばれる膜でつつまれている。あしには骨がなく，おもに筋肉
   でできている。水中で生活するものは**えらで呼吸**する。　例 アサリ，イカ，タコ，マイマイ
   └陸上で生活するマイマイは肺で呼吸する。

▼ 昆虫のからだのつくり

頭部 胸部　腹部

テストの 要点 を書いて確認

別冊解答 P.4

　にあてはまることばを書こう。

- **子のうまれ方**

  魚類，両生類，ハチュウ類，鳥類
  …① [　　　　　]

  ホニュウ類…② [　　　　　]

- 草食動物の目は ③ [　　] 向き，肉食動物の目は
  ④ [　　] 向き。

- **無セキツイ動物**

  ⑤ [　　　　　]…節足動物のからだをおおうか
  たい殻。

  ⑥ [　　　　　]…軟体動物の内臓をつつむ膜。

STEP 2 基本問題

別冊解答 P.4

得点 ／100点

1 次のア～オの動物の子のうまれ方について，あとの問いに答えなさい。

> ア マグロ イ ニワトリ ウ サンショウウオ
> エ クジラ オ ヤモリ

(1) 卵生の動物をア～オからすべて選び，記号で答えなさい。（10点）
[ ]

(2) (1)の動物のうち，水中に殻のない卵をうむものはどれか。すべて選び，記号で答えなさい。（10点）
[ ]

2 下の表は，セキツイ動物を体表のようすと呼吸のしかたによって分類したものの一部である。あとの問いに答えなさい。

	魚類	両生類		A	ホニュウ類
体表のようす	うろこ	B	うろこ こうら	羽毛	
呼吸のしかた	C	子はえらと皮膚 親は肺と皮膚	肺	肺	肺

(1) Aにあてはまる動物は何類か。（10点）
[ ]

(2) Bにあてはまることばを，次のア～エから1つ選び，記号で答えなさい。（10点）
[ ]

> ア うろこ イ 湿った皮膚 ウ 羽毛 エ 毛

(3) Cにあてはまることばを答えなさい。（10点）
[ ]

3 次のア～クの動物について，あとの問いに答えなさい。

> ア イカ イ ザリガニ ウ バッタ エ ミミズ
> オ エビ カ マイマイ キ ウニ ク チョウ

(1) ア～クの動物はすべて背骨をもたない。このような動物を何というか。（10点）
[ ]

(2) からだが外骨格でおおわれ，節のあるからだやあしをもつものをア～クからすべて選び，記号で答えなさい。（10点）
[ ]

(3) (2)の動物を，まとめて何というか。（10点）
[ ]

(4) 甲殻類とよばれる動物はどれか。ア～クからすべて選び，記号で答えなさい。（10点）
[ ]

(5) 内臓が外とう膜でおおわれているものをア～クからすべて選び，記号で答えなさい。（10点）
[ ]

1
(1) ホニュウ類以外の動物が卵生である。
(2) 水中で生活している動物があてはまる。

2
(3) 魚類は，水中で生活している。

3
(2) 甲殻類や昆虫類があてはまる。
(5) 軟体動物をさがす。

STEP
3
得点アップ問題

テスト **3日前** から確認!

別冊解答 P.5

得点

／100点

---

1 次の文は，シマウマとライオンの目のつき方を説明したものである。あとの問いに答えなさい。

> 右の図のように，シマウマのような（ ① ）
> 動物の目は（ ② ）についていて，A広い範
> 囲を見わたすことができる。ライオンのよう
> な（ ③ ）動物の目は（ ④ ）についてい
> て，Bものを立体的に見ることができる範
> 囲が広い。

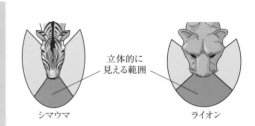

立体的に
見える範囲

シマウマ　　　　ライオン

(1) ①〜④にあてはまることばを答えなさい。(3点×4)

[文章記述] (2) 下線部**A**のように，広い範囲が見わたせることにはどのような利点があるか。簡単に説明しなさい。(8点)

[文章記述] (3) 下線部**B**のように，ものを立体的に見ることができる範囲が広いことにはどのような利点があるか。簡単に説明しなさい。(8点)

(1)	①		②		③		④	
(2)								
(3)								

よくでる **2** 下の表は，セキツイ動物の特徴をまとめたものである。あとの問いに答えなさい。

	A	B	C	D	E
呼吸のしかた	肺	子はえらと(a)，親は肺と(a)	えら	肺	(b)
うまれ方	ある程度育った子をうむ	水中に殻のない卵をうむ	水中に殻のない卵をうむ	陸上に殻のある卵をうむ	陸上に殻のある卵をうむ
体表のようす	毛	湿った皮膚	うろこ	(c)	うろこやこうら

(1) a〜cにあてはまることばを答えなさい。(4点×3)

[文章記述] (2) DとEの動物の卵に殻があるのはなぜか。簡単に説明しなさい。(8点)

(3) 次の①〜④の動物は，A〜Eのどこに分類されるか。記号で答えなさい。(3点×4)

① ウサギ　② ニワトリ　③ イモリ　④ ワニ

(1)	a		b		c	
(2)						
(3)	①		②		③		④

24

3 次の図は，動物をいろいろな特徴でなかま分けしたものである。あとの問いに答えなさい。

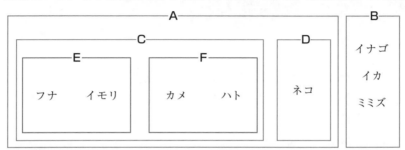

難 (1) B，D，Fで，それぞれ共通する特徴は何か。次のア～オから1つずつ選び，記号で答えなさい。(3点×3)

ア　背骨をもたない。　　　　イ　母体の中である程度育った子をうむ。
ウ　卵に殻がある。　　　　　エ　からだの表面がうろこでおおわれている。
オ　一生肺で呼吸する。

(2) Eにふくまれる動物は何類か。2つ答えなさい。(3点×2)

(3) ネコと同じなかまに分類される動物を，次のア～オから1つ選び，記号で答えなさい。(3点)

ア　イルカ　　イ　ペンギン　　ウ　サメ　　エ　カツオ　　オ　カエル

(1)	B			D			F		
(2)						(3)			

4 次の図は，無セキツイ動物をいろいろな特徴によって分類したものである。あとの問いに答えなさい。

(1) ①，②にあてはまることばを書きなさい。(4点×2)

(2) ①，②の動物にあてはまる特徴を，次のア～オからそれぞれすべて選び，記号で答えなさい。

(3点×2)

ア　骨がなく，あしは筋肉でできている。　　イ　からだが外骨格でおおわれている。
ウ　からだやあしに節がある。　　　　　　　エ　内臓が外とう膜につつまれている。
オ　胎生である。

(3) ①に分類された動物はさらに2つのグループに分けられる。それぞれの動物の名称を答えなさい。また，それぞれのグループの名称を答えなさい。(4点×2 動物名とグループ名完答)

(1)	①		②		(2)	①		②	
(3)	動物名				グループ名				
	動物名				グループ名				

定期テスト予想問題(1)

別冊解答 P.5

目標時間 **45**分

得点 ／100点

1 タンポポとドクダミが生えている校庭の場所を観察し，図1のような分布図をつくった。次の問いに答えなさい。

図1

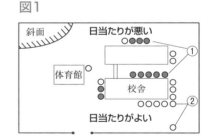

(1) 図1の①と②は，それぞれタンポポ，ドクダミのどちらを表しているか。(3点×2)

(2) ドクダミが生えていた場所は，どのようなようすか。次のア〜エから1つ選び，記号で答えなさい。(6点)

　ア　日当たりがよく，土は湿っている。
　イ　日当たりが悪く，土は湿っている。
　ウ　日当たりがよく，土は乾いている。
　エ　日当たりが悪く，土は乾いている。

(3) タンポポが多く生えている場所の特徴を，(2)にならって簡単に答えなさい。(6点)

図2

(4) 図2はタンポポの花である。観察しながらスケッチするのに最も適している器具はどれか。次のア〜ウから1つ選び，記号で答えなさい。(3点)

　ア　ルーペ　　イ　顕微鏡　　ウ　双眼実体顕微鏡

(5) 図2のウ，オの部分の名称をそれぞれ答えなさい。(3点×2)

(6) 図2で成長すると種子になる部分はどこにあるか，図2のア〜オから選び，記号で答えなさい。(3点)

(7) タンポポのように，胚珠が子房の中にある植物のなかまを何というか。(6点)

(1)	①		②		(2)	
(3)						
(4)			(5)	ウ		オ
(6)					(7)	

2 右の図は，植物のなかま分けをしたものである。次の問いに答えなさい。

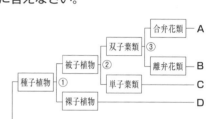

よくでる

(1) 図中の①〜③は，なかま分けの手がかりとなる観点をもとに分類している。それぞれ，a〜eのどの観点を用いたものか，記号で答えなさい。(4点×3)

　a　葉脈が平行脈か，網状脈か。
　b　胞子のうがあるか，ないか。
　c　花弁が1枚1枚離れているか，くっついているか。
　d　胚珠が子房の中にあるか，ないか。
　e　水中で生活をするか，陸上で生活をするか。

(2) 図の**A**〜**E**に属する植物を下から2つずつ選び，(あ)〜(こ)の記号で答えなさい。(3点×5)

(あ) イネ	(い) スギナ	(う) マツ	(え) アサガオ
(お) エンドウ	(か) トウモロコシ	(き) ツツジ	(く) イチョウ
(け) アブラナ	(こ) ゼニゴケ		

（文章記述）(3) ②にあてはまる観点を，(1)で選んだもの以外で1つ書きなさい。(7点)

(1)	①		②		③
(2)	A	B	C	D	E
(3)					

③ 右の図はカエル，ワニ，クジラのからだのようすを表したものである。次の問いに答えなさい。

（文章記述）(1) カエル，ワニ，クジラに共通するからだの特徴を，簡単に書きなさい。(3点)

(2) カエルは何類のなかまか。(3点)

(3) 次の文は，カエルの呼吸のしかたについて述べたものである。文中の ① , ② , ③ にあてはまる適切なことばを書きなさい。(3点×3)

> カエルは，子のときは ① と ② で呼吸し，親になると ③ と ② で呼吸する。

(4) 次の文は，ワニがうむ卵について述べたものである。文中の ① , ② にあてはまる適切なことばを書きなさい。(3点×2)

> ワニは，殻の ① 卵をうむ。これは，ワニが ② で卵をうむからである。

(5) クジラはどこで呼吸しているか。次のア〜エから1つ選び，記号で答えなさい。(3点)
　ア 肺　　イ えら　　ウ 皮膚　　エ 気門

(6) イモリとネズミはどの動物と同じなかまか。次のア〜ウから1つずつ選び，記号で答えなさい。(3点×2)
　ア カエル　　イ ワニ　　ウ クジラ

(1)			(2)	
(3)	①	②	③	
(4)	①	②	(5)	
(6)	イモリ		ネズミ	

定期テスト予想問題(2)

別冊解答 P.6

目標時間	得点
45分	／100点

❶ 右の図1はエンドウの花とその一部を表している。また，図2のA〜Dは，マツのからだのいろいろな部分を観察し，スケッチしたものである。ただし，倍率はそれぞれ異なる。次の問いに答えなさい。

(1) 図1で，Xの部分の名称を答えなさい。(8点)

(2) 図1のXと同じつくりがあるのは，図2のA〜Dのうちどれか。記号で答えなさい。(8点)

(3) 図2のA〜Cは，マツのどこをスケッチしたものか。次のア〜カからそれぞれ1つずつ選び，記号で答えなさい。(4点×3)
　　ア　雌花のりん片　　イ　果実　　ウ　花粉
　　エ　雄花のりん片　　オ　種子　　カ　子房

(4) マツの枝の先についている花は，雌花か雄花か。(8点)

(5) マツなどの植物のなかまを，エンドウなどの植物のなかまと区別して何というか。(8点)

図1

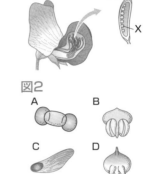

図2

(1)		(2)		(3) A		B		C	
(4)				(5)					

❷ ホウセンカとトウモロコシの花のつくりを調べた。次の問いに答えなさい。

(1) ホウセンカとトウモロコシに共通する特徴として正しいものを，次のア〜エから1つ選び，記号を答えなさい。(4点)
　　ア　胞子をつくってなかまをふやす。　　イ　花弁が1つにくっついている。
　　ウ　胚珠が子房の中にある。　　エ　花弁やがくがない。

(2) ホウセンカの①子葉の枚数，②葉脈のようす，③根のつくりとして正しいものを，子葉の枚数はア，イから，葉脈のようすはウ，エから，根のつくりはオ，カからそれぞれ1つずつ選び，記号で答えなさい。(4点×3)

ア　　　　　　イ　　　　　ウ　　　　　　エ　　　　　　オ　　　　　　カ

(3) 次のア〜カのうち，子葉の枚数，葉脈のようす，根のつくりがトウモロコシと同じ植物はどれか。すべて選び，記号を答えなさい。(4点)
　　ア　サクラ　　　　イ　エンドウ　　ウ　ユリ
　　エ　アブラナ　　　オ　イネ　　　　カ　ツユクサ

(1)					
(2)	①		②		③
(3)					

3 図1は，無セキツイ動物を分類したものである。図2は，軟体動物のなかまであるアサリのからだのつくりを表したものである。次の問いに答えなさい。

図1

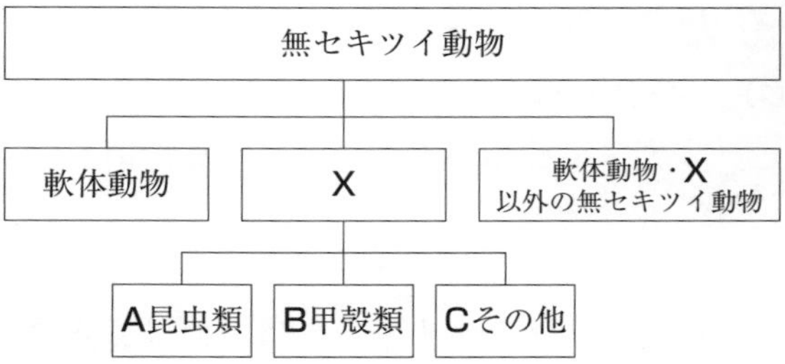

```
            無セキツイ動物
    ┌──────────┼──────────────┐
  軟体動物        X        軟体動物・X
                          以外の無セキツイ動物
              ┌───────┼───────┐
          A昆虫類  B甲殻類  Cその他
```

図2

(1) 無セキツイ動物に共通する特徴を，簡単に書きなさい。(4点)

(2) 図2のアサリは，内臓がYの膜でおおわれている。Yの名称を答えなさい。(4点)

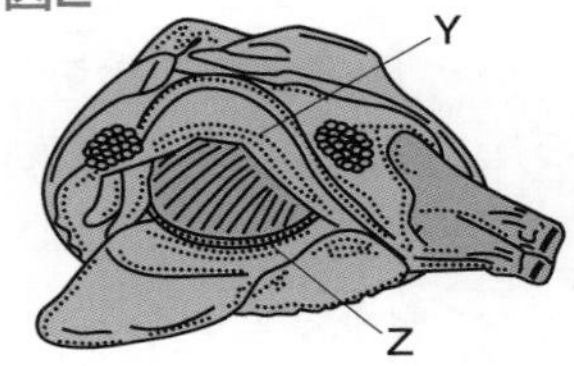

(3) 図2のアサリは，Zの部分で呼吸を行っている。Zの名称を答えなさい。(4点)

(4) 図1のXにあてはまる動物のなかまを何というか。(4点)

(5) 次の文は，図1のXにあてはまる動物のなかまのからだのつくりについて述べたものである。① ，② にあてはまることばを入れ，文を完成させなさい。(4点)

> からだは外側にある ① とよばれるかたい殻によって支えられており，からだやあしには，たくさんの ② がある。

(6) 昆虫類のなかまの特徴について述べた文として正しいものを，次のア～エから1つ選び，記号で答えなさい。(4点)

ア からだが頭部・胸部・腹部に分かれており，肺で呼吸している。

イ からだが頭部・胸部・腹部に分かれており，気門から空気をとり入れて呼吸している。

ウ からだが頭胸部・腹部に分かれており，肺で呼吸している。

エ からだが頭胸部・腹部に分かれており，気門から空気をとり入れて呼吸している。

(7) 図1のA ～ Cのなかまに分類される動物を，次のア～ケから2つずつ選び，記号で答えなさい。(4点×3)

ア ザリガニ **イ** カブトムシ **ウ** ミミズ

エ ムカデ **オ** エビ **カ** バッタ

キ マイマイ **ク** クモ **ケ** タコ

(1)					
(2)		(3)		(4)	
(5)	①		②		(6)	
(7)	A		B		C	

1 実験器具

STEP 1 要点チェック

テスト1週間前から確認!

1 ガスバーナー

① 火をつける場合の操作手順

1 ガス調節ねじと空気調節ねじが閉まっていることを確認する。
2 元栓（もとせん）を開く。
3 コックを開き，マッチに火をつける。
4 ななめ下から火を近づけ，**ガス調節ねじ**を開いて火をつける。
5 ガス調節ねじをおさえて，**空気調節ねじ**を少しずつ開き，**青色の安定した炎**（ほのお）にする。
└炎が赤色のときは，空気の量が不足している。

② 火を消す場合の操作手順

空気調節ねじを閉めてから，ガス調節ねじを閉めて火を消し，コック，元栓の順に閉める。

▼ ガスバーナーのねじの向き

閉まる　開く
空気調節ねじ
ガス調節ねじ

ミス注意！　ガスバーナーのねじは時計回りに回すと閉まり，反時計回りに回すと開く。

2 メスシリンダー

① メスシリンダーの操作手順

1 水平な台の上に置く。
2 目の位置を**液面と同じ高さ**にし，液面の**中央の平らなところのめもり**を真横から読む。（最小めもりの**10分の1**まで目分量で読みとる。）

▼ 液面の見るときの目の位置

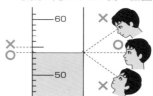

3 上皿てんびん

① 物質の質量をはかりとるときの操作手順

1 水平な台の上に置き，調節ねじを動かして，指針が左右に等しく振れるようにする。
2 はかろうとするものを一方の皿にのせ，もう一方の皿に**少し重いと思われる分銅**（ふんどう）をのせる。
3 分銅が重すぎたら，次に軽い分銅にとりかえ，軽い場合には次に軽い分銅を加える。これをくり返し，指針が左右に等しく振れるようになれば，分銅の質量を合計する。
4 使い終わったら，一方の皿をもう一方の皿に重ねておく。
└上皿てんびんのうでが動かないようにする。

くわしく

薬品をはかりとるときの操作手順（やくほうし）

一方の皿にはかりとりたい質量の分銅と薬包紙をのせる。もう一方の皿に薬包紙を広げ，薬品を少しずつのせてつり合わせる。

テストの要点を書いて確認

別冊解答 P.7

☐ にあてはまることばを書こう。

● 火をつけるときのガスバーナーの操作手順

元栓，コックを開いたあと，火をつけてから ① ☐☐☐☐ を開いて火をつける。次に，② ☐☐☐☐ を開いて ③ ☐☐☐☐ の量を調節し，④ ☐☐☐☐ 色の安定した炎にする。

STEP
2
基本問題

テスト
5日前
から確認！

別冊解答 P.7

得点
／100点

第2章
1
実験器具

1 次の図は，ガスバーナーに火をつけるときの操作を示したものである。
あとの問いに答えなさい。

A
bのねじ aのねじ
マッチに火をつけ，aの
ねじを開いて点火する

B
2つのねじが閉まってい
ることを確認する

C
元栓を開く

D
イ
ア

(1) A ～ Dを正しい順序に並べかえなさい。(10点)
[　　　→　　　→　　　→　　　]

(2) a，bのねじを何というか。それぞれ答えなさい。(10点×2)
a [　　　　　　] b [　　　　　　]

(3) ガスの量を変えないで赤色の炎を青色の炎に調節するにはa，bのど
ちらのねじを回すか。また回す向きを図のア，イで答えよ。(5点×2)
ねじ [　　　　] 向き [　　　　]

(4) 火を消すとき最初に閉めるのは，元栓，a，bのねじのどれか。(10点)
[　　　　　　]

1
(3) 炎の色が赤色のとき
は，空気の量が足りない。
(4) 火を消すときは，火
に近いほうから閉めていけ
ばよい。

2 メスシリンダーの使い方について，次の①～④にあてはまる記号や数，
語句を答えなさい。(5点×4)
① [　　　] ② [　　　] ③ [　　　] ④ [　　　]

メスシリンダーは（①）で安定した台の上に置き，
目は図のA ～ Dのうち（②）の位置に合わせる。
体積は最小めもりの（③）まで目分量で読む。図
の体積は（④）cm³である。

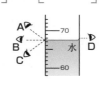

A
B
C
D
水
70
60

2
②液面のへこんだ面を真横
から読みとる。

3 上皿てんびんを使って，ある物体の質量をはかった。次の問いに答え
なさい。

(1) 最初に分銅をのせるときは，ある物体の質量より少し重いと思われ
る分銅と軽いと思われる分銅のどちらを最初にのせるか。(10点)
[　　　　　　]

(2) 右利きの人の場合，分銅は右の皿と左の皿のどちらの皿にのせるか。(10点)
[　　　　　　]

(3) 指針が止まるまで待たなくても，てんびんがつり合ったと判断でき
るのはどのようになったときか。(10点)
[　　　　　　]

3
(2) 一定の質量の薬品を
はかりとる場合は，右利き
の人の場合，分銅を左の皿，
薬品を右の皿にする。

STEP
3
得点アップ問題
テスト
3日前
から確認!

別冊解答 P.7

得点

／100点

1 ガスバーナーについて，次の問いに答えなさい。

(1) 図1で，ねじを矢印の向きに回すと，ねじは開くか，閉まるか。(3点)

図1

(2) ガスバーナーの使い方について，次の文の①～⑤にあてはまる語句を，それぞれ答えなさい。(3点×5)

ガスバーナーに火をつけるとき，(①) と (②) が閉まっていることを確かめてから，(③) とコックを開いてマッチに火をつけ，(①) を回して点火する。その後，(②) を回して，炎の色を (④)色から (⑤)色になるようにする。

(3) 次のア～ウは，ガスバーナーの火を消すときの操作を示したものである。正しい順序に並べかえなさい。(4点)

図2

ア　コックとガスの元栓を閉める。

イ　空気調節ねじを閉める。

ウ　ガス調節ねじを閉める。

a
b

(4) 図2のa，bの矢印はそれぞれ何の移動を示しているか。(2点×2)

(1)		(2)	①		②	
③			④		⑤	
(3)	→ →		(4)	a	b	

2 図1は，100cm³用のメスシリンダーに水を入れたようすを示し，図2はそのときの液面付近のようすを示している。次の問いに答えなさい。

図1　　図2

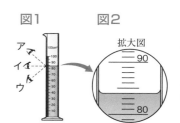

拡大図

(1) メスシリンダーはどのような場所に置いて使用するのがよいか。答えなさい。(4点)

よく
でる
(2) メスシリンダーのめもりを読むとき，正しい目の位置を図1のア～ウから1つ選び，記号で答えなさい。(3点)

(3) 図2で，液体の体積は何cm³か。答えなさい。(3点)

図3

(4) 図2のメスシリンダーの1めもりは何cm³か。答えなさい。(4点)

(5) 図1のメスシリンダーに小石を入れたところ，図3のようになった。このときの小石の体積を求めなさい。(4点)

(1)		(2)		(3)	
(4)		(5)			

3 上皿てんびんの使い方について，次の文の①～⑫にあてはまる語句，記号を答えなさい。ただし，⑦はあとの選択肢ア，イから選び，記号で答えなさい。 (3点×12)

上皿てんびんを使うとき，まず上皿てんびんを（①）な台の上に置き，指針が左右に（②）振れるように（③）を回して調節する。このとき，図のように左が下がっていれば，ねじをa・bのうち（④）の向きに動かす。

ものの質量をはかるとき，右利きの人ははかりたいものを（⑤）側の皿にのせ，分銅を（⑥）を使ってもう一方の皿にのせて，（⑦）ようにする。その際，分銅は少し（⑧）と思われるものからのせていく。

⑦の選択肢
ア　指針が中央で止まるまで待つ
イ　指針の振れが左右で等しくなる

また，粉末の薬品などをはかりとるときには，（⑨）とよばれる紙を（⑩）の皿の上に置き，その上に粉末の薬品などを置くようにする。決まった量の薬品をはかりとりたいときは右利きの人は分銅を（⑪）側の皿にのせる。測定後，皿は（⑫）に重ねておく。

①		②		③	
④		⑤		⑥	
⑦		⑧		⑨	
⑩		⑪		⑫	

4 上皿てんびんを使って，ある薬品の質量をはかった。右図は，そのときの右の皿を示したものである。次の問いに答えなさい。

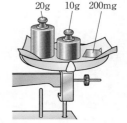

(1) 正しい操作をしたとき，図の分銅の中で最初と最後にのせたのは図のそれぞれどの分銅か。分銅の重さで答えなさい。 (4点)

(2) 右の皿が図のようになったとき，上皿てんびんはつり合った。このときの薬品の質量は何gか。 (4点)

(3) 測定が終わったら，皿はどうしておくのがよいか。答えなさい。 (4点)

(4) 次のア～エの文から，上皿てんびんの使い方として正しいものをすべて選び，記号で答えなさい。 (4点)

ア　分銅は直接手で持たないようにする。

イ　つり合ったことを確かめるためには，指針が中央に止まるまで待つ。

ウ　指針が左右に等しく振れていれば，つり合ったと考えてよい。

エ　分銅は，少し重いと思われるものからのせる。

(5) 次に，ある物体の質量をはかると，下の表の分銅とつり合った。この物体の質量は何gか。

分銅の種類	50g	20g	5g	2g	500mg	200mg
分銅の数	1個	1個	1個	2個	1個	2個

(4点)

(1) 最初		最後			(2)	
(3)				(4)		(5)

2 いろいろな物質

STEP 1 要点チェック

 テスト1週間前から確認!

1 物体と物質

① 物体…一定の形をしているもの。　例ガラスのコップ

② 物質…物体をつくっている材料の種類。　ガラス→物質　　コップ→物体

2 金属と非金属

① 金属の性質 おぼえる!

　1 みがくと金属光沢が見られる。

　2 電気・熱をよく通す。

　3 引っ張ると細くのびる性質（**延性**），たたくとうすく広がる性質（**展性**）がある。

> ミス注意! 鉄は磁石につくが，アルミニウムや銅などの金属は磁石につかない。磁石につくことは金属に共通した性質ではない。

② 非金属…金属以外の物質。　例ガラス，プラスチック，木，ゴム

3 密度

① 密度…**物質1cm³あたりの質量**。物質の種類によって値が決まっているので，物質を区別するのに用いられる。

> ポイント
> 密度〔g/cm³〕= 質量〔g〕/体積〔cm³〕

4 有機物と無機物

① 有機物…**炭素**をふくむ物質。加熱すると黒くこげて炭になったり，燃えて**二酸化炭素**を発生したりする。また，多くの有機物は水素をふくんでいる。　例砂糖，デンプン，エタノール，木，ガソリン
　└燃えると，水が発生する。

> ミス注意! 炭素や二酸化炭素は炭素をふくむが，有機物ではなく無機物に分類される。

② 無機物…有機物以外の物質。　例金属，水，食塩，ガラス

実験

白い粉末の性質を調べて区別する実験　よくでる

実験方法 3種類の白い粉末A〜C（砂糖，食塩，デンプンのどれか）を用意する。

1 試験管にそれぞれの物質と水を入れて，よく振り混ぜたときのとけるようすを調べる。

2 それぞれの物質をアルミニウムはくの容器に入れ，弱火で加熱したときのようすを調べる。

結果と考察	水にとけるか	加熱するとこげるか
A	○	×
B	×	○
C	○	○

Aは加熱してもこげないことから無機物→食塩
BとCは有機物で，Bは水にとけない→デンプン
Cは水にとける→砂糖

テストの**要点**を書いて確認

別冊解答 P.8

□にあてはまることばを書こう。

● 金属の性質のまとめ

みがくと ①□ が見られ，②□ ・熱をよく通す。引っ張ると細く

③□ ，たたくとうすく ④□ 性質がある。

STEP
2
基本問題

別冊解答 P.8

得点

／100点

第2章
2
いろいろな物質

1 次のア～エのうち，物体を表しているものをすべて選び，記号で答えなさい。(10点) [   ]

ア　コップ　　イ　ガラス　　ウ　缶　　エ　アルミニウム

2 下の物質を区別するのに適切な方法を，次のア～エからそれぞれすべて選び，記号で答えなさい。(10点×2)

ア　水に入れてようすを調べる。

イ　電気を通すかどうか調べる。

ウ　磁石につくかどうか調べる。

エ　質量や体積を調べ，密度を比べる。

(1) アルミニウムと鉄 [   ]

(2) アルミニウムと銅 [   ]

3 下の物質を区別するのに適切な方法を，次のア～エからそれぞれすべて選び，記号で答えなさい。(10点×3)

ア　水に入れてようすを調べる。

イ　電気を通すか調べる。

ウ　磁石につくか調べる。

エ　加熱したときの変化を調べる。

(1) 砂糖と食塩 [   ]

(2) デンプンと食塩 [   ]

(3) 砂糖とデンプン [   ]

4 物質をそれぞれの性質によって，表のようにA，Bのグループに分類した。次の問いに答えなさい。

| A | ろう，プラスチック，木 |
| B | 鉄，食塩，ガラス |

(1) Aのグループの物質が燃えたときに発生する気体は何か。名称を答えなさい。(10点) [   ]

(2) Bのグループの物質を何というか。名称を答えなさい。(10点) [   ]

(3) 二酸化炭素，エタノールはそれぞれA，Bどちらのグループにあてはまるか。(10点×2)

二酸化炭素 [   ]　　エタノール [   ]

1
物質は物体をつくっている材料の種類。

2
それぞれの特徴に注目する。
(1) 鉄は磁石につくが，アルミニウムはつかない。
(2) どちらも磁石につかない物質であるので，密度のちがいに注目する。

3
砂糖とデンプンは加熱すると黒くこげる。また，デンプンは水にとけにくい。

4
(1) 有機物は炭素がふくまれている物質である。

STEP
3
得点アップ問題

テスト
3日前
から確認!

別冊解答 P.8

得点

／100点

1 砂糖，デンプン，食塩，グラニュー糖を，次のA，Bの方法で調べた。あとの問いに答えなさい。
[方法]
　A　水に入れると，とけるものと白くにごってとけないものがあった。
　B　加熱すると，変化して黒くこげたものと変化しないものがあった。
(1) Aの方法で，1つだけ区別することのできる物質は何か。(5点)
(2) Bの方法で，1つだけ区別することのできる物質は何か。(5点)
(3) A，Bの方法では区別することができない物質について，区別する方法を簡単に答えなさい。(10点)

(1)		(2)		(3)	

2 銅，鉄，アルミニウム，プラスチックの4つの物質がある。これらを次のA，Bの方法で調べた。あとの問いに答えなさい。

A 磁石につくかどうか　　B 電気を通すかどうか

(1) 銅，鉄，アルミニウムのような物質をまとめて何というか。(5点)
(2) Aの方法で，1つだけ区別できる物質は何か。(5点)
(3) Bの方法で，1つだけ区別できる物質は何か。(5点)

(1)		(2)		(3)	

3 アルミニウム，鉄，銅でできた3つの立方体がある。これらの立方体の体積は，どれも8cm³である。20℃のときのそれぞれの金属の密度をまとめた右の表をもとにして，次の問いに答えなさい。

物質	密度〔g/cm³〕
アルミニウム	2.70
鉄	7.87
銅	8.96

(1) 3つの立方体のうち，1つの質量をはかったところ，21.60gであった。この立方体は何でできていると考えられるか。(5点)
(2) 鉄の立方体の質量は何gか。(5点)
(3) 同じ質量にして体積を比べたとき，体積がいちばん小さい物質は，3つのうちどれか。(5点)
(4) 表の物質とは別の物質を調べたら，質量31.6g，体積40cm³であった。この物質は水に浮くか沈むか答えなさい。ただし，水の密度を1.0g/cm³とする。(5点)

(1)		(2)		(3)		(4)	

4 次の表は，20℃のときの物質の密度を示したものである。あとの問いに答えなさい。

物質	密度〔g/cm³〕	物質	密度〔g/cm³〕
氷（0℃）	0.92	銀	10.50
アルミニウム	2.70	鉛	11.34
鉄	7.87	金	19.30
銅	8.96	白金	21.45

アルミニウムの球

難(1) メスシリンダーに水を15.0cm³入れ，右上の図のように，アルミニウムの球を入れたところ，水面は何cm³を示すか。ただし，入れたアルミニウムの球の質量を67.5gとし，図の水面は実際の値とは異なるものとする。(10点)

(2) メスシリンダーに水を20.0cm³入れ，ある物体を入れたあと，全体の体積をはかったところ35.0cm³であった。この物体の質量が289.5gであるとき，どの物質でできていると考えることができるか。(10点)

(1)		(2)	

5 石灰水を少量入れた集気びんを2つ用意し，図1，図2のように火をつけたろうそくとスチールウール（鉄）をそれぞれ入れ，集気びんの内側のようすを調べた。次に，火が消えてからふたをして集気びんを振ると，一方の石灰水だけが白くにごった。次の問いに答えなさい。

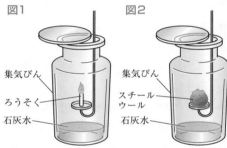

図1　集気びん　ろうそく　石灰水
図2　集気びん　スチールウール　石灰水

(1) 図1と図2の集気びんの内側のようすとして正しいものを，次のア～エからそれぞれ選び，記号で答えなさい。(5点)

ア　燃えた物質にはちっ素がふくまれているので，水滴がついた。

イ　燃えた物質には水素がふくまれているので，水滴がついた。

ウ　燃えた物質にはちっ素がふくまれていないので，水滴はつかなかった。

エ　燃えた物質には水素がふくまれていないので，水滴はつかなかった。

(2) 石灰水が白くにごったのは，図1と図2のどちらか。(5点)

(3) 次の文の（　　　）にあてはまる語を答えなさい。
石灰水が白くにごったのは，その物質に（　①　）がふくまれているからである。（　①　）がふくまれる物質を（　②　）という。(5点×2)

(4) デンプンを燃やすと，図1と図2のどちらと同じ結果を得られるか。(5点)

(1)	図1		図2		
(2)		(3)	①		②
(4)					

③ 気体の性質

STEP 1 要点チェック

テスト1週間前から確認!

1 気体の集め方

① **上方置換法**…水にとけやすく，**空気より密度が小さい（軽い）気体**を集める方法。 例 アンモニア

② **下方置換法**…水にとけやすく，**空気より密度が大きい（重い）気体**を集める方法。 例 二酸化炭素，塩素，塩化水素

③ **水上置換法**…**水にとけにくい気体**を集める方法。 例 酸素，水素，二酸化炭素
└水に少しとけるが，水上置換法でも集めることができる。

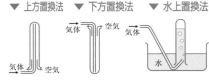
▼ 上方置換法 ▼ 下方置換法 ▼ 水上置換法
気体 空気 気体 空気 気体 水

2 気体の発生方法と性質 おぼえる!

① **二酸化炭素**（無色・無臭，空気より密度が大きい）
● **石灰石**に**うすい塩酸**を加えると発生する。
● 水に少しとけ，とけた水溶液は**酸性**を示す。
● **石灰水**を白くにごらせる。

② **酸素**（無色・無臭，空気より少し密度が大きい）
● **二酸化マンガン**にうすい**過酸化水素水（オキシドール）**を加えると発生する。
● 水にとけにくく，**ものを燃やすはたらき**がある。

③ **水素**（無色・無臭，空気より密度が小さい）
└物質の中で，いちばん密度が小さい。
● **マグネシウム**や**鉄**などの金属に**うすい塩酸**を加えると発生する。
● 水にとけにくく，火をつけると，音を立てて**燃える**。
└燃えると，水が生じる。

④ **アンモニア**（無色・刺激臭，空気より密度が小さい）
● **塩化アンモニウム**と**水酸化カルシウム**の混合物を加熱すると発生する。
└試験管が割れないように，試験管の口を少し下げておく。
● 水に非常によくとけ，とけた水溶液は**アルカリ性**を示す。

▼ 二酸化炭素の発生方法
うすい塩酸
二酸化炭素
石灰石（貝殻，卵の殻などでもよい）

▼ 酸素の発生方法
うすい過酸化水素水（オキシドール）
酸素
二酸化マンガン

テストの 要点 を書いて確認

別冊解答 P.9

□ にあてはまることばを書こう。

● 重要な気体のまとめ

気体名	空気との密度の比較	水へのとけやすさ	集め方	発生法
水素	①	とけにくい	水上置換法	マグネシウムなどの金属＋うすい塩酸
二酸化炭素	②	③	水上置換法 下方置換法	④ ＋うすい塩酸
酸素	⑤	とけにくい	⑥	過酸化水素水（オキシドール）＋ ⑦
アンモニア	小さい	⑧	⑨	塩化アンモニウム＋水酸化カルシウム→加熱

1 次の気体を集めるときは，右図の①～③のどの方法で集めるのがよいか。それぞれ，記号と集め方の名称を答えなさい。(5点×4)

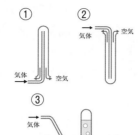

(1) 水素

記号 [　　] 名称 [　　　　　　　]

(2) アンモニア

記号 [　　] 名称 [　　　　　　　]

2 二酸化炭素の性質について，次の問いに答えなさい。

(1) 二酸化炭素の水へのとけ方について適切なものを，次の**ア～ウ**から1つ選び，記号で答えなさい。(10点) [　　　　　]

ア　よくとける。　　イ　少しとける。　　ウ　とけにくい。

(2) 二酸化炭素の密度は，空気と比べてどうなっているか。(10点)

[　　　　　　　　　]

(3) 二酸化炭素を発生させるために適当な物質を，次の**ア～ク**から2つ選び，記号で答えなさい。(15点) [　　　　　]

ア　銀　　イ　二酸化マンガン　　ウ　石灰石　　エ　亜鉛

オ　塩酸　　カ　過酸化水素水　　キ　銅　　ク　鉄

3 水素の性質について，次の問いに答えなさい。

(1) 水素は空気より密度が大きいか，小さいか，答えなさい。(10点)

[　　　　　　　　　]

(2) 水素を発生させるためにはうすい塩酸を何に加えればよいか。次の**ア～エ**の中から1つ選び，記号で答えなさい。(10点)

[　　　　　　　　　]

ア　鉄　　イ　石灰石　　ウ　二酸化マンガン　　エ　銀

(3) (2)でうすい塩酸のかわりに用いた場合，水素を発生させることができる物質を次の**ア～エ**から1つ選び，記号で答えなさい。(10点)

[　　　　　　　　　]

ア　エタノール　　イ　水酸化ナトリウム水溶液　　ウ　食塩水

エ　硫酸

(4) 水素を集めた試験管にマッチの火を近づけると，どのような変化が見られるか。(15点)

[　　　　　　　　　]

1
・水にとけにくい気体
　→（水上置換法）
・水にとけやすく，空気より密度が小さい気体
　→（上方置換法）
・水にとけやすく，空気より密度が大きい気体
　→（下方置換法）

2
二酸化炭素の性質
・水に少しとける。
・水にとけて炭酸水になる（酸性）。
・空気より密度が大きい。
・燃えない。

3
水素の性質
・水にとけにくい。
・物質の中で最も密度が小さい。
・可燃性がある。

1 酸素の性質について，次の問いに答えなさい。

（1）酸素の水へのとけ方を簡単に説明しなさい。（4点）

（2）酸素の密度は，空気と比べてどうなっているか。（4点）

（3）酸素を集めた集気びんの中に火のついた線香を入れたところ，どのような変化が見られるか。（4点）

（4）（3）の酸素の性質を何というか。（4点）

（5）酸素を発生させる方法を１つ書きなさい。（4点）

(1)		(2)	
(3)		(4)	
(5)			

2 アンモニアの性質を調べるため，次のような実験を行った。あとの問いに答えなさい。

［実験］アンモニアを入れた丸底フラスコを用意し，右の図のように，ガラス管と水を入れたスポイトをセットしたゴム栓をして，水の入ったビーカーにゴム管が入るようにスタンドにとりつけた。

（1）スポイトの水を丸底フラスコの中に入れると，ビーカーの水はどうなるか。簡単に答えなさい。（4点）

（2）（1）の変化が起きるのはアンモニアにどのような性質があるからか。次のア〜オから１つ選び，記号で答えなさい。（4点）

ア　無色透明の気体である。　　　　イ　空気よりも密度が小さい。

ウ　水にとけてアルカリ性を示す。　エ　水に非常にとけやすい。

オ　特有のにおいがある。

（3）右の図のビーカーの水にフェノールフタレイン溶液を数滴入れて，同じように実験すると，丸底フラスコの中では水は赤色になった。その理由として適切なものを，（2）のア〜オから１つ選び，記号で答えなさい。（4点）

（4）ビーカーの水の中に，フェノールフタレイン溶液のかわりに緑色のBTB溶液を入れておくと，丸底フラスコ内の水は何色になるか。（4点）

（5）丸底フラスコ内の気体を水素にかえたとき，（1）と全く同じ変化は起きるか，起きないか。答えなさい。（4点）

(1)						
(2)		(3)		(4)		(5)

丸底フラスコ

ゴム栓

ガラス管

スポイト

水

3 次のア〜シの文は，さまざまな気体の性質について説明したものである。①酸素，②二酸化炭素，③水素，④アンモニアにあてはまるものをそれぞれすべて選び，記号で答えなさい。

ア　水溶液を緑色のBTB溶液に通すと，BTB溶液が黄色になる。　　　　　　　（4点×4）

イ　水に非常によくとける。

ウ　火をつけると音を立てて燃える。

エ　水溶液をつけると赤色リトマス紙が青色になる。

オ　密度が最も小さい。

カ　上方置換法で集める。

キ　物質を燃やすはたらきがある。

ク　空気中に，体積の割合で約20％ふくまれている。

ケ　亜鉛にうすい塩酸を加えると発生する。

コ　二酸化マンガンにうすい過酸化水素水（オキシドール）を加えると発生する。

サ　塩化アンモニウムと水酸化カルシウムを混ぜ合わせて加熱すると発生する。

シ　石灰石にうすい塩酸を加えると発生する。

①		②	
③		④	

4 5種類の気体A〜Eがある。これらの気体は，水素，酸素，アンモニア，二酸化炭素，塩化水素のいずれかの気体である。それぞれの気体の性質を調べたところ，次の表のようになった。これについて，あとの問いに答えなさい。

	A	B	C	D	E
におい	無臭	②	刺激臭	刺激臭	無臭
水にとけるか	①	少しとける	④	とける	とけにくい
水にとかしたとき	—	③	アルカリ性	⑤	—
燃えるか	燃えない	燃えない	燃えない	燃えない	燃える

(1) 表の①〜⑤の空欄にあてはまることばを入れなさい。（4点×5）

(2) A〜Eの気体の中で最も密度が小さい気体はどれか。（4点）

(3) ほかの物質を燃やすはたらきがある気体は，A〜Eのどれか。（4点）

(4) 有毒で，水溶液が胃液にふくまれている気体は，A〜Eのどれか。（4点）

(5) Bの気体は空気より密度が大きいか，小さいか，答えなさい。（4点）

(6) Cの気体を集めるには，右の図のア〜ウのどの方法を用いるのが最もよいか。記号とその名称を書きなさい。（4点×2）

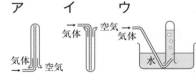

(1)	①		②		③	
④			⑤			

(2)		(3)		(4)		(5)	

(6)	記号		名称	

4 水溶液の性質

STEP 1 要点チェック

テスト
1週間前
から確認!

1 物質のとけ方

① **物質が水にとけるようす**

砂糖を水に入れるととけて**透明**になり，どこも**均一**の濃さになる。
色がついているものもある。
時間がたっても，下のほうが濃くなったり，砂糖が出てきたりしない。

② **ろ過**…ろ紙などを使って，固体と液体を分ける操作。

③ **水溶液** おぼえる!

● **溶質**…とけている**物質**。 例 食塩水の場合は食塩。

● **溶媒**…溶質をとかしている**液体**。 例 食塩水の場合は水。

● **溶液**…溶質が溶媒にとけた液全体。食塩水のように，**溶媒
が水である**溶液を**水溶液**という。

④ **純粋な物質と混合物**

● **純粋な物質（純物質）**…1種類の物質からできているもの。

　例 塩化ナトリウム，ブドウ糖，酸素，水，二酸化炭素

● **混合物**…いくつかの物質が混じり合ったもの。 例 食塩水，炭酸水，空気，ロウ
食塩と水が混ざっている。

▼ ろ過の方法

ガラス棒
ろうと
ろ液
ろうと台

くわしく

ろ過では，次の点に注意する。ろ過
する液体は，ガラス棒を伝わらせて，
少しずつ注ぐ。ろうとの切り口の長
いほうを，ビーカーの壁につける。

2 水溶液の濃度

質量パーセント濃度…溶質の質量が溶液全体の質量の何%にあたるかという**割合**。

例 水100gに25gの食塩をとかしたときの食塩水の濃度は，$\dfrac{25g}{25g+100g} \times 100 = 20$ より，20%

ポイント

$$質量パーセント濃度〔\%〕 = \frac{溶質の質量〔g〕}{溶液の質量〔g〕} \times 100 = \frac{溶質の質量〔g〕}{溶質の質量〔g〕+溶媒の質量〔g〕} \times 100$$

3 溶解度と再結晶

① **飽和水溶液**…物質がそれ以上とけることができなくなった水溶液。

② **溶解度**…ある物質を水100gにとかして飽和水溶液にしたときの，
とけた溶質の質量〔g〕。溶解度は，**水の温度**によって変化する。

③ **再結晶**…固体の物質をいったん水にとかし，**溶解度の差**などを利
用して再び結晶をとり出すこと。
物質によって形が決まっている。

▼ 溶解度曲線

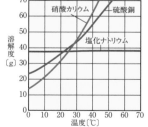
硝酸カリウム
硫酸銅
塩化ナトリウム
溶解度〔g〕
温度〔℃〕

テストの 要点 を書いて確認

別冊解答 P.10

□ にあてはまることばを書こう。

● 水溶液のまとめ

① □ …液体にとけている物質。

② □ …物質をとかしている液体。

● 物質のまとめ

③ □ …1種類の物質でできている
もの。

④ □ …いくつかの物質が混じり
合ったもの。

STEP
2
基本問題

テスト
5日前
から確認！

別冊解答 P.10

得点

／100点

第2章
4
水溶液の性質

1 10gの砂糖を20℃の水100gに入れてそのままかき混ぜずに放置した。次の問いに答えなさい。

(1) 溶液で，①とけている物質を何というか。また，②とかしている液体を何というか。（10点×2）　①[　　　]　②[　　　]

(2) 1週間放置したときの砂糖の粒子のモデルとして適切なものは，右のア〜ウのどれか。1つ選び，記号で答えなさい。（10点）　[　　　]

ア　　　　　イ　　　　　ウ

(3) 砂糖の水溶液は，混合物か，純粋な物質か，答えなさい。（10点）

[　　　　　　　]

2 食塩水の濃度に関する次の問いに答えなさい。

(1) 15gの食塩がとけている食塩水200gの質量パーセント濃度は，何%か。（10点）

[　　　　　　　]

(2) 8%の食塩水125gをつくるのに必要な食塩の質量は何gか。

（10点）

[　　　　　　　]

3 右の図は，それぞれの温度での100gの水にとける食塩とミョウバンの質量である。次の問いに答えなさい。

(1) 水100gに物質を溶解度までとかした水溶液を何というか。（10点）

[　　　　　　　]

(2) ミョウバンの60℃の(1)の水溶液の温度を20℃まで下げるとミョウバンの結晶が出てきた。何g出てきたか求めなさい。（10点）

[　　　　　　　]

(3) (2)のように，物質を一度水にとかしてから，再び固体としてとり出すことを何というか。（10点）　[　　　　　　　]

(4) 食塩のような物質は，(3)の操作で結晶は，ほとんど得られない。このような物質は，どのようにして結晶を得ればよいか，簡単に答えなさい。（10点）

[　　　　　　　]

1
(1) 液体にとけた物質を溶質，とかしている液体を溶媒，溶質を溶媒にとかしたものを溶液という。
とくに，溶液の溶媒が水の場合，水溶液という。
(3) 1種類の物質でできているものは純粋な物質，2種類以上の物質でできているものは混合物である。

2
(1) 質量パーセント濃度〔%〕
$=\dfrac{溶質の質量〔g〕}{溶液の質量〔g〕}×100$
(2) 溶質の質量〔g〕
$=$溶液の質量〔g〕
$×\dfrac{質量パーセント濃度〔%〕}{100}$

3
(2) 出てくる結晶の質量
＝とけている質量－冷やした温度での溶解度で求めることができる。

得点アップ問題

別冊解答 P.11

得点

／100点

1 右の図のA，B，Cは，食塩・硫酸銅・デンプンのいずれかを水
に入れて，かき混ぜたものである。次の問いに答えなさい。

(1) A，Bは，水に何を入れてかき混ぜたものか。それぞれ答え
なさい。(5点×2)

(2) 物質が水にとけたといえないものはどれか。図のA〜Cから1つ選び，記号で答えなさい。
(4点)

(3) 物質が水にとけているようすを説明したものとして，まちがっているものを，次のア〜エ
から1つ選び，記号で答えなさい。(4点)

　ア　溶液を放置しても，とけたものは沈まない。

　イ　溶液を放置すると，下のほうの濃度が濃くなる。

　ウ　溶液には色のついたものもあるが，透明である。

　エ　溶液は，どこも同じ濃さである。

(4) 砂糖が水にとけている状態の正しいモデルを次のア〜エから1つ選び，記号で選びなさい。
ただし，図の●は砂糖の粒子を表している。(5点)

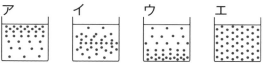

(5) 水溶液は上の図のA，B，Cのうちどれか。すべて答えなさい。(5点)

(1)	A		B		(2)		(3)	
(4)			(5)					

2 質量パーセント濃度について，次の問いに答えなさい。

(1) 24gの食塩を126gの水にとかしてつくった食塩水の質量パーセント濃度は何％か。(5点)

(2) 18％の食塩水300gの中に，食塩は何gとけているか。(5点)

(3) 8％の食塩水50gをつくるのに水は何g必要か。(5点)

(4) 18％の食塩水100gに水を加えて200gの食塩水をつくった。できた食塩水の質量パーセン
ト濃度は何％になるか。(5点)

(5) 7％の食塩水400gを加熱して水を蒸発させ，350gにすると質量パーセント濃度は何％に
なるか。(5点)

(1)		(2)		(3)	
(4)			(5)		

3 ろ過について，次の問いに答えなさい。

(1) ろ過とは，どのような実験操作か。次の**ア**～**ウ**から１つ選び，記号で答えなさい。（4点）

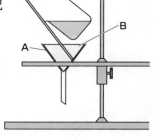

ア 水にとけている物質をそのまま水溶液からとり出す操作

イ 水にとけていない物質の大きな固体のかたまりと，水にとけていない物質の小さな固体の粒を分ける操作

ウ 水にとけていない物質と液体を分ける操作

(2) 右の図に示したAとBは何か，それぞれ答えなさい。（5点×2）

(3) Bは，ただ折り曲げてAにのせただけでは浮き上がってしまう。これを防ぐにはどのようにすればよいか。簡単に書きなさい。（5点）

(4) 右の図について，ろ液を受けるビーカーを，適切な位置になるように，図にかき入れなさい。（4点）

(1)		(2)	A		B	
(3)					(4)	図にかく。

4 右の図は，硝酸カリウムと塩化ナトリウムの溶解度曲線である。次の問いに答えなさい。

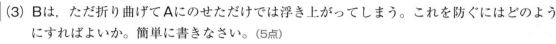

(1) 40℃の水100gに，硝酸カリウムを50gとかした。あと何gの硝酸カリウムをとかせるか。（4点）

(2) (1)の水溶液の温度を20℃にすると，何gの結晶を生じるか。（5点）

(3) 物質をいったん水にとかしてから，水溶液の温度を下げて結晶をとり出すことを，何というか。（5点）

(4) 塩化ナトリウムの溶解度曲線から，結晶を(3)の方法ではとり出しにくい理由を，次の**ア**～**エ**から１つ選び，記号で答えなさい。（5点）

ア 低い温度で比べると，水にとける質量が多いから。

イ 低い温度で比べると，水にとける質量が少ないから。

ウ 水の温度が変化したとき，とける質量の差が小さいから。

エ 水の温度が変化したとき，とける質量の差が大きいから。

(5) 塩化ナトリウムの結晶の形を，次の**ア**～**エ**より１つ選び，記号で答えなさい。（5点）

ア **イ** **ウ** **エ**

(1)		(2)		(3)	
(4)		(5)			

5 状態変化(1)

STEP 1 要点チェック

テスト
1週間前
から確認!

1 状態変化

① **物質の状態**

● 固体…形や体積が決まっている。

● 液体…形は決まっていないが，体積は決まっている。

● 気体…形も体積も決まっていない。

② 状態変化…物質を**あたためたり（加熱），冷やしたり（冷却）**することによって**固体，液体，気体と物質の状態が変わること。温度を上げると，固体→液体→気体**と変化する。**温度を下げると，気体→液体→固体**と変化する。

▼ 状態変化（固体 ⇄ 液体 ⇄ 気体）するときの粒子の運動

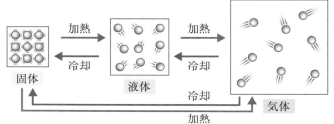

2 状態変化と体積・質量の変化 おぼえる!

① **状態変化と体積**…固体→液体→気体になるにつれて，粒子の間隔が広がっていくので，**体積が大きくなる**（水は例外）。

② **状態変化と質量**…状態が変化しても，粒子の数は変わらないので，**質量は変わらない。**

③ **状態変化と密度**…固体→液体→気体になるにつれて，体積は大きくなるが，質量は変わらないので，**密度は小さくなる**（水は例外）。

水の場合は例外で，水（液体）が氷（固体）になると体積が大きくなる。

水の状態変化と体積・質量（氷⇔水⇔水蒸気）

状態	氷 （固体）	水 （液体）	水蒸気 （気体）
体積〔cm³〕	1.09	1.0	1672
質量〔g〕	1	1	1

テストの 要点 を書いて確認

別冊解答 P.12

□ にあてはまることばを書こう。

● 状態変化のまとめ

・温度によって固体，液体，気体と状態が変わることを ［①　　　　　］ という。

・物質はふつう，固体→液体→気体になるにつれて，体積は ［②　　　　　］ なる。

　質量は ［③　　　　　］ ので，密度は ［④　　　　　］ なる。

　水は例外で，固体→液体の場合には体積は ［⑤　　　　　］ なる。

1 右の図は状態変化を模式的に表したものである。
次の問いに答えなさい。

(1) 図のa〜fのうち，物質を冷却したときに
起こる状態変化はどれか。すべて選び，
記号で答えなさい。(10点)

[   ]

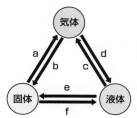

(2) 水を冷凍庫に入れると氷になるときの物
質の状態変化を，図のa〜fから1つ選び，
記号で答えなさい。(10点)

[   ]

(3) ドライアイスを部屋に放置するとなくなる現象が起こる状態変化
を，図のa〜fから1つ選び，記号で答えなさい。(10点) [   ]

(4) 水がfの状態変化をするとき，質量と体積はそれぞれどうなるか。
(5点×2)   質量[   ] 体積[   ]

(5) 固体，液体，気体のそれぞれの粒子の動きを，次のア〜ウの中から
それぞれ選びなさい。(5点×3)

固体[   ]液体[   ]気体[   ]

ア　自由に飛び回っている。　イ　規則正しく並び，振動している。
ウ　規則正しく並ばず，比較的自由に動いている。

2 下の表は，物質A〜Eが−20℃，25℃，120℃のときの状態を表した
ものである。あとの問いに答えなさい。

	A	B	C	D	E
−20℃	液体	気体	固体	固体	固体
25℃	液体	気体	液体	固体	固体
120℃	気体	気体	気体	固体	液体

(1) 物質Aが−5℃のときの状態として正しいものを，次のア〜ウから
1つ選び，記号で答えなさい。(15点)

[   ]

ア　固体　　イ　液体　　ウ　気体

(2) 物質A〜Eのうち，10℃のとき，気体である物質はどれか。1つ
選び，記号で答えなさい。(15点)

[   ]

(3) 次のア〜エのうち，物質Eが固体である温度はどれか。すべて選び，
記号で答えなさい。(15点)

[   ]

ア　−150℃　　イ　0℃　　ウ　150℃　　エ　200℃

1
(1) 加熱や冷却によって，
物質の状態は変化する。
(2) 液体の水を冷やすと
固体の氷になる。
(3) ドライアイスは固体
の二酸化炭素である。
(4) fの状態変化をする
ときは，氷が水になるとき
である。

2
(1) 物質Aは−20℃のと
きも25℃のときも液体で
ある。
(2) −20℃のときにすで
に気体である物質を選ぶ。
(3) 物質Eは−20℃のと
きと25℃のときに固体で，
120℃のときに液体であ
る。固体をどれだけ冷やし
ても状態は変化しない。

得点アップ問題

1 右の図は，温度によって物質の状態が変化することを表している。次の問いに答えなさい。

(1) 温度によって物質の状態が変化することを何というか。(4点)

(2) A，Bは，それぞれどのような状態か。(4点×2)

(3) 物質が水である場合，B→Aの状態になると，体積はどうなるか。(4点)

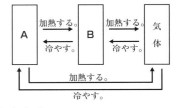

(4) (3)のとき，密度はどうなるか。(4点)

(5) A→Bの変化とB→気体の変化で，体積の変化が大きいのはどちらか。(4点)

(1)		(2)	A		B		(3)	
(4)				(5)				

2 加熱して液体にしたロウの液面の高さに油性ペンで印をつけ，冷やして固体にした。次の問いに答えなさい。

(1) ロウが固体になったようすを，次のア〜エから１つ選び，記号で答えなさい。(5点)

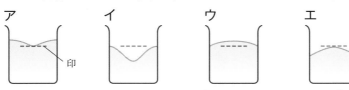

(2) ロウが液体から固体になるとき，①粒子そのものの数，②粒子どうしの間隔，③粒子の運動はそれぞれどのようになるか。(6点×3)

(1)		(2)	①	
(2)	②		③	

3 図のように，少量の液体のエタノールを入れたポリエチレン袋の口を閉じ，熱い湯をかけた。次の問いに答えなさい。

(1) この袋に熱湯をかけると，袋はどのようになるか。(5点)

少量の液体のエタノールを入れたポリエチレン袋

(2) (1)のようになった袋の中のエタノールの状態を，次のア〜ウから１つ選び，記号で答えなさい。(5点)

　　ア　固体　　　イ　液体　　　ウ　気体

(3) (1)のようになった袋を，氷水の中に入れて冷やすと，袋はどのようになると考えられるか。(6点)

(1)		(2)	
(3)			

4 図1は，氷を水の中に入れたときのようすを，図2は，液体のロウと，液体のロウからつくった固体のロウを表している。次の問いに答えなさい。

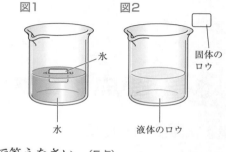

図1　図2

氷

固体のロウ

水　液体のロウ

(1) 図1で氷が水に浮いたのは，水が氷になるときにどうなるからか。「質量」「体積」「密度」という語句を必ず使って理由を説明しなさい。(7点)

(2) 図2で固体のロウを液体のロウの中に入れると，どのようになるか。次のア～ウから1つ選び，記号で答えなさい。(5点)

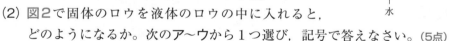

ア　　　　　　　イ　　　　　　　ウ

(3) 固体のロウが（2）のようになったのは，液体のロウが固体のロウになるとき，どのようになるからか。次のア～エから1つ選び，記号で答えなさい。(5点)

ア　体積は変わらず，質量が大きくなるから。
イ　体積は変わらず，質量が小さくなるから。
ウ　質量は変わらず，体積が大きくなるから。
エ　質量は変わらず，体積が小さくなるから。

(1)	
(2)	(3)

5 右の図は，物質の固体，液体，気体のいずれかの状態を粒子のモデルで表したものである。次の問いに答えなさい。

A　　　　　　B　　　　　　C

(1) 固体の物質を加熱したとき，粒子は図のA～Cのどの順に変化するか。左から並べ，記号で答えなさい。(5点)

(2) （1）のように物質が変化することを何というか。(5点)

(3) 図のAのときの粒子のようすとして正しいものを，次のア～ウから1つ選び，記号で答えなさい。(5点)

ア　決まった場所からほとんど動かない。
イ　規則正しく並ばず，比較的自由に動く。
ウ　ばらばらになって自由に動き回る。

(4) 固体の物質を加熱したとき，物質の質量はどのようになるか。次のア～ウから1つ選び，記号で答えなさい。(5点)

ア　大きくなっていく。　　イ　小さくなっていく。　　ウ　変わらない。

(1)	→ →	(2)	
(3)		(4)	

6 状態変化(2)

STEP 1 要点チェック

テスト 1週間前 から確認!

1 状態変化と温度

① 沸点・融点

- 沸点…液体が加熱され，**沸騰して気体になるときの温度**。**純粋な物質の沸点は種類によって決まっている**。
- 融点…固体が加熱され，とけて液体になるときの温度。**純粋な物質の融点は種類によって決まっている**。

▼ 氷を加熱したときの温度変化のようす

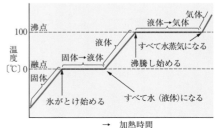

2 混合物の分離

① 純粋な物質（純物質）と混合物

- 純粋な物質（純物質）…1種類の物質でできているもの。**沸点や融点は一定**である。
- 混合物…いくつかの物質が混じり合ったもの。**沸点や融点は決まった温度にならない**。

② 蒸留

液体を沸騰させ，出てくる気体を冷やして再び液体にしてとり出すこと。混合物を**沸点のちがい**を利用して，それぞれの物質に分離することができる。

くわしく

固体が液体になる間や沸騰が起こっている間は，状態変化に熱が使われるため，加熱しても温度が上がらない。

- **水とエタノールの混合物の分離**

  エタノールは水より沸点が低い。そのため，混合物を沸騰させると，**はじめに出てくる気体にはエタノールが多くふくまれている**。

  液体が逆流してフラスコが割れるのを防ぐために，火を消す前に，ガラス管の先を試験管の液体の中から抜いておく。

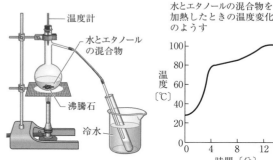

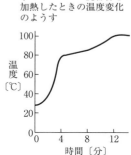

水とエタノールの混合物を加熱したときの温度変化のようす

テストの **要点** を書いて確認

別冊解答 P.13

□ にあてはまることばを書こう。

● 状態変化のまとめ

- AB間の状態は，[①____]，BC間の状態は [②____] と [③____] が混じった状態である。
- CD間の状態は，[④____]である。
- aの温度を[⑤____]，bの温度を[⑥____]という。

ある固体の物質を加熱したときの時間と温度の関係

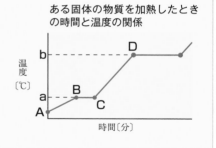

1 右の図のように，15cm³の水と10cm³のエタノールの混合物を枝つきフラスコに入れて，弱火で加熱した。出てきた気体を冷やして，a，b，cの順に液体を試験管に集め，火がつくかどうかを調べた。次の問いに答えなさい。

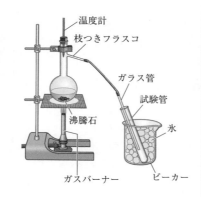

温度計
枝つきフラスコ
ガラス管
試験管
氷
沸騰石
ガスバーナー
ビーカー

(1) 液体が沸騰するときの温度を何というか。(10点) [　　　　]

(2) 水とエタノールの混合物が沸騰している間，温度はどうなるか。ア〜ウから1つ選び，記号で答えなさい。(10点) [　　　　]
ア　少し上がる。　　イ　変化しない。　　ウ　少し下がる。

(3) 集めた液体の中で火がいちばんよくついたのは，a〜cのどれか。(10点) [　　　　]

(4) 火がよくついた液体には，何が多くふくまれているか。(10点)
[　　　　]

2 右の図は，固体のパルミチン酸を加熱したときの，時間と温度の関係を表したグラフである。次の問いに答えなさい。

(1) 図のB点でのパルミチン酸はどのような状態か。(10点)
[　　　　]

(2) パルミチン酸の融点は約何℃か。次のア〜エから1つ選び，記号で答えなさい。(6点) [　　　　]
ア　46℃　　イ　54℃　　ウ　63℃　　エ　80℃

温度〔℃〕
時間〔分〕

(3) 図のA点とC点での状態をそれぞれ書きなさい。(7点×2)
A点[　　　　]　　C点[　　　　]

(4) パルミチン酸は純粋な物質か，それとも混合物か。答えなさい。(10点)
[　　　　]

(5) パルミチン酸の質量をグラフのときの2倍にすると，融点はどのようになるか。また，融点に達するまでの時間はどのようになるか。(10点×2)

融点[　　　　]
時間[　　　　]

1 (2) 純粋な物質と混合物では，温度の変化のようすがちがっている。
(3) 沸点は，水よりエタノールのほうが低い。

2 パルミチン酸は，純粋な物質であり，常温（15〜25℃）では固体である。純粋な物質を加熱して，融点に達すると，物質がすべてとけ終わるまでは温度は上がらない。また，混合物の融点は一定にはならない。

STEP
3
得点アップ問題

テスト
3日前
から確認!

別冊解答 P.13

得点

／100点

1 ある固体の物質を加熱してとかした。次に，氷水に入れて冷やして再び固体にした。右の図は，冷やし始めてからの時間と温度の関係を表したグラフである。次の問いに答えなさい。

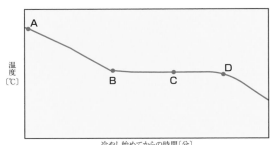

(1) とかした物質が再び固体になり始めたのは，図の**A ～ D**のどのときか。(5点)

(2) とかした物質がすべて固体になったのは，図の**A ～ D**のどのときか。(5点)

(3) 固体に変化するときの温度の変化が，この物質と同じような形のグラフになるものを，次の**ア～ウ**から1つ選び，記号で答えなさい。(6点)

　　ア 海水　　　**イ** ロウ　　　**ウ** パルミチン酸

(4) この物質は純粋な物質，混合物のどちらと考えられるか。答えなさい。(5点)

文章記述 (5) この物質が (4) と判断できる理由を，簡単に答えなさい。(7点)

(6) この物質をとかして，再び冷やして固体にもどるまでに，体積はどのように変化したか。次の**ア～オ**から1つ選び，記号で答えなさい。ただし，この物質は水ではないものとする。(6点)

　　ア　とかすと体積は大きくなるが，固体にもどると小さくなる。

　　イ　とかすと体積は大きくなり，固体にもどってもそのまま変わらない。

　　ウ　とかすと体積は小さくなるが，固体にもどると大きくなる。

　　エ　とかすと体積は小さくなり，固体にもどってもそのまま変わらない。

　　オ　とかしても固体にもどっても，体積は変化しない。

(1)		(2)	
(3)		(4)	
(5)			
(6)			

2 図1のようにして，細い試験管の中に入れた固体のパルミチン酸を加熱した。図2は，そのときの時間と温度の関係を表したグラフである。次の問いに答えなさい。

(1) 図2の a，b では，それぞれパルミチン酸はどのような状態になっているか。次の**ア～オ**からそれぞれ選び，記号で答えなさい。(5点×2)

　　ア 固体　　**イ** 液体　　**ウ** 気体

　　エ 固体と液体が混じった状態　　　**オ** 液体と気体が混じった状態

図1

温度計

パルミチン酸

水

図2

温度〔℃〕

加熱した時間〔分〕

(2) bの状態のとき，加熱する前と比べて，パルミチン酸の質量は変化しているか，変化していないか。(5点)

(3) 固体の物質が液体になるときの温度を何というか。(5点)

(4) パルミチン酸の(3)は何℃か。次のア〜エの中から選び，記号で答えなさい。(5点)

ア 26℃　　イ 45℃　　ウ 63℃　　エ 72℃

(1)	a			b		
(2)			(3)		(4)	

3 右の図のような装置で，水7cm³とエタノール3cm³の混合液10cm³を試験管にとり，弱火で加熱して出てきた気体を冷やして，a，b，cの順に3本の試験管に約2cm³ずつ液体を集める実験を行った。次の問いに答えなさい。

(1) 混合液に入れたAは何か。その名称を書け。(4点)

(2) Aを入れる理由を簡単に答えなさい。(4点)

(3) この実験のように，液体を加熱して気体にし，その後冷やして再び液体にして集める方法を何というか。(4点)

(4) (3)を利用している例として何があるか。1つ答えなさい。(4点)

(5) a〜cの試験管に集めた液体のにおいを調べた。このとき，どのようにしてにおいをかぐとよいか。簡単に答えなさい。(5点)

(6) a〜cの試験管に集めた液体のうち，においが最も強いと考えられるのは，どの試験管か。記号で答えなさい。(4点)

(7) (6)のようになるのはなぜか。「エタノール」「水」「沸点」という語句を必ず使って理由を説明しなさい。(6点)

(8) この実験で加熱をやめる前に行わなければならない操作は何か。(4点)

(9) (8)の操作を行う理由を簡単に答えなさい。(6点)

水とエタノールの混合液

ガラス管

A

a

冷水

(1)		(2)		
(3)		(4)		
(5)			(6)	
(7)				
(8)				
(9)				

定期テスト予想問題

別冊解答 P.14

目標時間 **45**分

得点 ／100点

1 右のグラフは，物質A〜Gについて，それぞれの体積と質量をはかり，印で示したものである。次の問いに答えなさい。

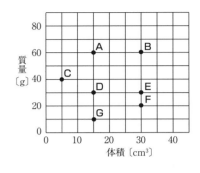

(1) 物質1cm³あたりの質量を，その物質の何というか。(5点)

(2) (1)が最も大きい物質はどれか。A〜Gから1つ選びなさい。(5点)

(3) 水の(1)は，1.0g/cm³である。水と考えられるのは，A〜Gの物質のうちどれか。A〜Gから1つ選びなさい。(5点)

よくでる (4) 物質A〜Gの中で，同じ物質であるものはどれか。「AとB」のように，2組答えなさい。(5点×2)

(5) 物質A〜Gのうち，水以外はすべて固体である。水にこれらの固体を入れたとき，水に浮く物質を，A〜Gからすべて選びなさい。(5点)

(6) 体積が50cm³，質量が200gである物質Hがある。物質A〜Gのうち，Hと同じ物質はどれか。A〜Gから1つ選びなさい。(5点)

(1)		(2)		(3)	
(4)		(5)		(6)	

入試に出る! **2** 次の実験について，あとの問いに答えなさい。(三重県)

<実験>図1のように，塩化アンモニウムと水酸化カルシウムの混合物が入った試験管を加熱し，発生したアンモニアを乾いたフラスコに集めた。このアンモニアが入ったフラスコを使って図2のような装置をつくり，ビーカーの水にはフェノールフタレイン溶液を数滴加えた。スポイトを使い<u>フラスコ内に少量の水を入れると，ビーカーの水が吸い上げられて，</u>ガラス管の先から赤色に変化しながら水がふき出した。

(1) 図1のような気体の集め方を何というか。その名称を書きなさい。(5点)

(2) 図1で，フラスコ内にアンモニアが集まったことを確かめる試験紙として最も適切なものは，次のどれか。(6点)

　ア　水でぬらした赤色リトマス紙

　イ　水でぬらした青色リトマス紙

　ウ　石灰水を染みこませたろ紙

　エ　乾いた塩化コバルト紙

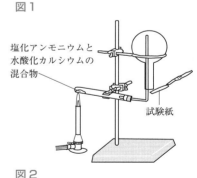

図1

塩化アンモニウムと水酸化カルシウムの混合物

試験紙

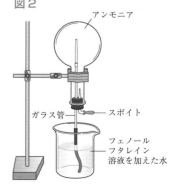

図2

アンモニア

ガラス管　スポイト

フェノールフタレイン溶液を加えた水

(3) 下線部の現象を説明した次の文の（　　　）に適語を入れ，文を完成させなさい。(4点)

アンモニアがフラスコ内の水に（　　　），水が吸い上げられた。

(1)		(2)		(3)	

3 右の図は，物質A，B，Cについて，水の温度と100gの水にとける物質の質量との関係を示したグラフである。これについて，次の問いに答えなさい。

(1) 60℃の水100gに，物質A，B，Cをそれぞれ30gずつとかした。このときとけ残りがあったのは，どの物質か。A～Cから1つ選び，記号で答えなさい。(5点)

(2) 物質A，B，Cについて，水の温度を0℃から50℃に上げたとき，次の①，②にあてはまるものはそれぞれどれか。A～Cから1つ選び，記号で答えなさい。(5点×2)
① 水にとける質量の差が最も大きい物質。
② 水にとける質量が，ほとんど変化しない物質。

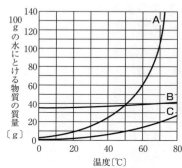

(3) 50℃の水100gに，物質Aを30gとかした。この水溶液を20℃までゆっくりと冷やすと，水溶液中に固体の粒が出てきた。約何gの物質Aが固体として出てくると考えられるか。(5点)

(4) (3)で，物質Aが固体として出てきた理由を，溶解度ということばを使って，簡単に書きなさい。(5点)

(5) 70℃の水100gに物質Cをとけきれなくなるまでとかした。この水溶液の質量パーセント濃度は何%になるか。小数第1位を四捨五入して求めなさい。(5点)

(1)		(2)	①		②		(3)	
(4)								
(5)								

4 右のグラフは，A～Dの4種類の液体が沸騰するときの，加熱時間と液体の温度との関係を表したものである。次の問いに答えなさい。

(1) 液体が沸騰するときの温度を何というか。(5点)

(2) 液体Cが沸騰しているときの温度は何℃か。(5点)

(3) 液体A～Dのうち，同じ物質の液体と考えられるものはどれとどれか。また，その理由を簡単に書きなさい。(5点)

(4) 液体A～Dのうち，混合物であると考えられるものはどれか。また，そのように判断した理由を書きなさい。(5点)

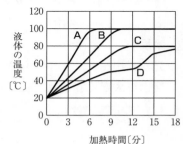

(1)		(2)	
(3)		理由	
(4)		理由	

1 光の性質

STEP 1 要点チェック

テスト
1週間前
から確認!

1 光の直進・反射

① 光の進み方

● 光源…太陽や電球のように，**みずから光を出す**物体。

● 光の直進…光源から出た光は，**まっすぐに進む**。

● 光の色…太陽の光は複数の色の光が混ざっている。**プリズム**に通すと，色ごとに分かれるようすが見られる。

② 光の反射

光が鏡などに当たってはね返ること。

● 入射角…入射光と鏡の面に垂直な直線がつくる角。

● 反射角…反射光と鏡の面に垂直な直線がつくる角。

● 光の反射の法則…**入射角と反射角は等しい**。

● 乱反射…凹凸のある物体に光が当たるときに，光が**さまざまな方向に反射する**こと。
└どの方向からでも，物体を見ることができる。

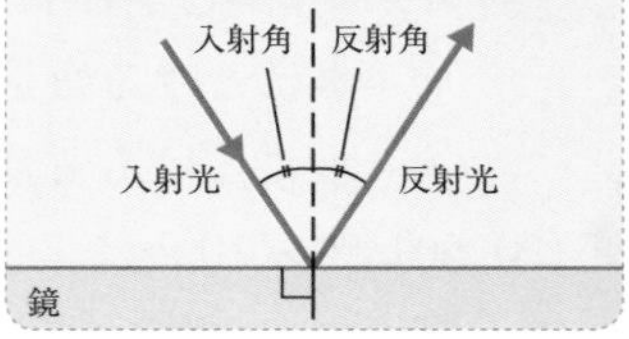

③ 鏡にうつる像

鏡に物体がうつる場合，物体で反射した光が，鏡の表面で反射して目に届く。鏡にうつる物体を，もとの物体の像という。像が見える位置は，鏡をはさんで**物体と線対称の位置**である。

ポイント　入射角＝反射角

入射角　反射角

入射光　反射光

鏡

2 光の屈折・全反射

① 光の屈折 おぼえる!

● 光の屈折…種類のちがう物質の境界面に光がななめに進むときに，**光の進む道すじが折れ曲がる**こと。

● 屈折角…境界面で屈折して物質の中を進む光（屈折光）と境界面に垂直な直線がつくる角。

　1 空気中から水中やガラス中（図1）　**入射角＞屈折角**

　2 水中やガラス中から空気中（図2）　**入射角＜屈折角**

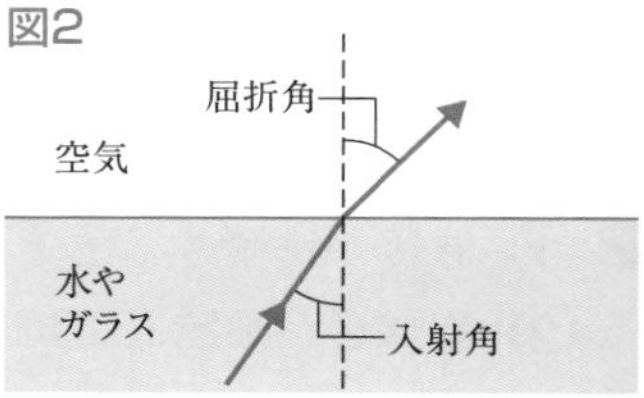

② 全反射

光が水中やガラス中から空気中に進むときに，**入射角をある角度より大きくすると**，屈折する光がなくなり，境界面で**すべての光が反射する**こと。

図1
入射角
空気
水や
ガラス
屈折角

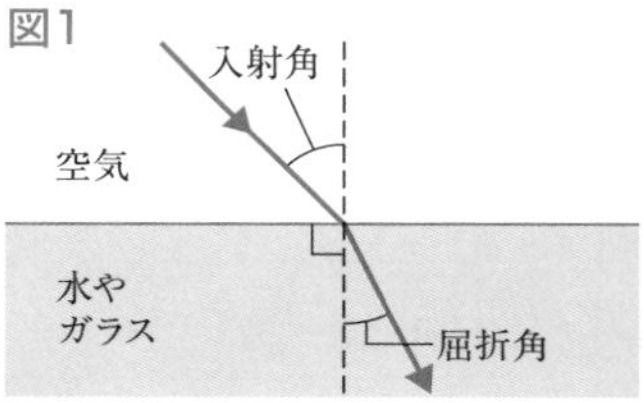

図2
屈折角
空気
水や
ガラス
入射角

テストの **要点** を書いて確認

別冊解答 P.15

□ にあてはまることばを書こう。

● 光の反射の法則のまとめ

① ＝ ②

・右の図で，入射角が35°であるとき，

反射角は ③ になる。

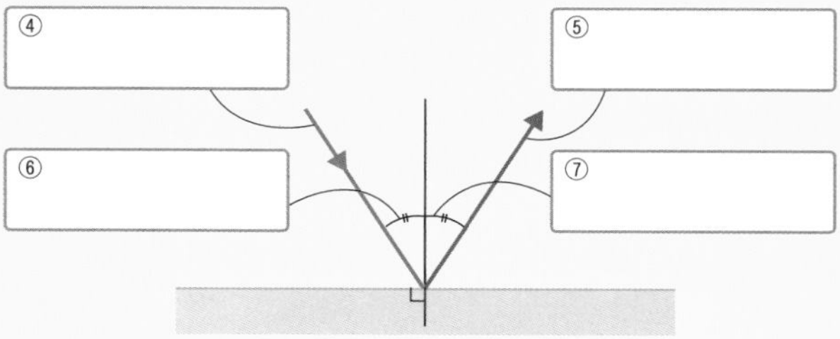

④
⑤
⑥
⑦

STEP 2 基本問題

テスト 5日前 から確認!

別冊解答 P.15

得点 ／100点

1 右の図は，鏡に光を反射させたようすを表したものである。次の問いに答えなさい。

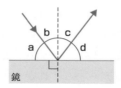

(1) 鏡の表面に入射する光を何というか。また，鏡の表面で反射する光を何というか。それぞれ答えなさい。(5点×2)

入射する光［　　　　］　反射する光［　　　　］

(2) 図のa ～ dのうち，入射角と反射角は，それぞれどの角度をさすか。記号で答えなさい。(10点×2)

入射角［　　　］　反射角［　　　］

(3) 入射角と反射角の関係はどのようになるか。次のア～ウから最も適切なものを選びなさい。(10点)　［　　　］

ア 入射角＞反射角　　イ 入射角＝反射角　　ウ 入射角＜反射角

(4) (3)のような関係が成り立つことを何というか，答えなさい。(10点)

［　　　　　　］

2 右の図は，鏡の表面に当たるまでの光の道すじを表したものである。鏡の表面に当たったあと，光はa ～ dのどの点を通るか。右の図に反射のようすを作図し，記号で答えなさい。(10点)　［　　　］

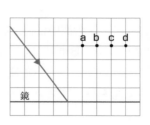

3 次の図1は，空気中から水中に光が進むとき，図2は水中から空気中に光が進むときのようすを表したものである。あとの問いに答えなさい。

図1

図2

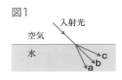

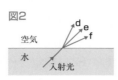

(1) 図1，図2で，光の進む道すじとして正しいものを，a ～ fから1つずつ選び，記号で答えなさい。(10点×2)

図1［　　　　］　図2［　　　　］

(2) (1)のように光が折れ曲がることを，光の何というか。(10点)

［　　　　　　］

(3) 図2において，水中からの光の入射角をさらに大きくすると，光が空気中に出なくなった。この現象を何というか。(10点)

［　　　　　　］

1
(2) 物体の表面に入射する光と表面に立てた垂線がなす角度が入射角，物体の表面ではね返る光と表面に立てた垂線がなす角度が反射角である。

2
光の反射の法則
入射角＝反射角

3
図１：空気中から水中への光の屈折
入射角＞屈折角
図２：水中から空気中への光の屈折
入射角＜屈折角

1 水中から空気中に光を進ませると，図1のA，Bのように進んだ。次の問いに答えなさい。

(1) 反射した光は，**A**，**B**のどちらか。(6点)

(2) 反射角は，図1のア〜オのどれか。(6点)

(3) 屈折角は，図1のア〜オのどれか。(6点)

よくでる (4) 図1の入射角と屈折角の大小関係を，正しく表しているのは，次のア〜ウのどれか。(6点)

　　ア　入射角＞屈折角　　　イ　入射角＜屈折角

　　ウ　入射角＝屈折角

(5) 入射角を大きくすると，図2のように光が進んだ。このような現象を何というか。(6点)

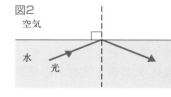
図1

図2

(1)		(2)		(3)		(4)	
(5)							

2 右の図1，図2について，次の問いに答えなさい。

(1) 図1のように，2枚の鏡**A**，**B**をたがいに90°になるような位置に置いて，鏡**A**に対して30°の角度で光を当てた。

作図 ① 光はどのような進み方をするか。右図に作図しなさい。(7点)

② 鏡**B**で反射する光の反射角は何度になるか。(7点)

(2) 図2のように，壁にある鏡の前に4人が立ち，鏡にうつって見える像を調べた。図2は，真上から見たときのようすを模式的に表したもので，**A**〜**D**は，4人が立っている位置をそれぞれ示している。**A**の位置にいる人が，鏡で見ることができるのは，**B**〜**D**のどの位置に立っている人か。すべて答えなさい。(7点)

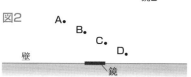
図1

図2

(1)	①	図にかく。	②		(2)	

3 右の図のように茶わんの底にコインを置き，水を入れたところ，コインが浮き上がって見えた。次の問いに答えなさい。

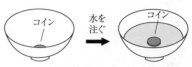

(1) 次の文は，この現象が起こる理由を説明したものである。①，②にあてはまることばを答えなさい。(7点×2)

コインが浮き上がって見えたのは，水中から空気中に進む光が水面で（　①　）したときに，（　①　）角が入射角よりも（　②　）なるからである。

(2) (1)の文を説明するための図として最も適切なものを，次のア〜エから1つ選び，記号で答えなさい。(7点)

(3) コインが浮き上がって見える現象と同じ光の性質によって起こる現象はどれか。次のア〜ウから1つ選び，記号で答えなさい。(7点)

ア　湖の水面に，遠くの山がうつって見えた。

イ　雲の間から，太陽の光がもれているのが見えた。

ウ　ストローを水の中に入れると，ストローが短く見えた。

(1)	①		②		(2)		(3)	

4 図1のように，半円ガラスに光を垂直に当てると，光は半円ガラスの中をそのまま通過した。この半円ガラスを使って，いろいろな光の進み方を調べた。あとの問いに答えなさい。

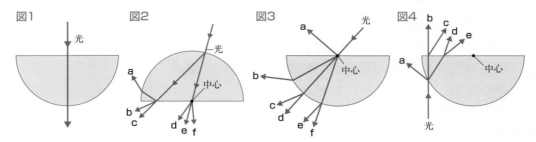

(1) 図1の状態から，図2のように半円ガラスを回転させて，半円ガラスの中心に向かって光を当てると，光はどのように進むか。図2のa〜fから1つ選び，記号で答えなさい。(7点)

(2) 図3のように，半円ガラスの中心に平らな面側から光を当てると，光はaの方向に反射するとともに，どの方向に進むか。図3のb〜fから1つ選び，記号で答えなさい。(7点)

(3) 図4のように，半円ガラスに中心ではない部分に向かって光を当てると，光はどのように進むか。図4のa〜eからすべて選び，記号で答えなさい。(7点)

(1)		(2)		(3)	

2 凸レンズのはたらき

STEP 1 要点チェック

テスト1週間前から確認!

1 凸レンズの性質 おぼえる!

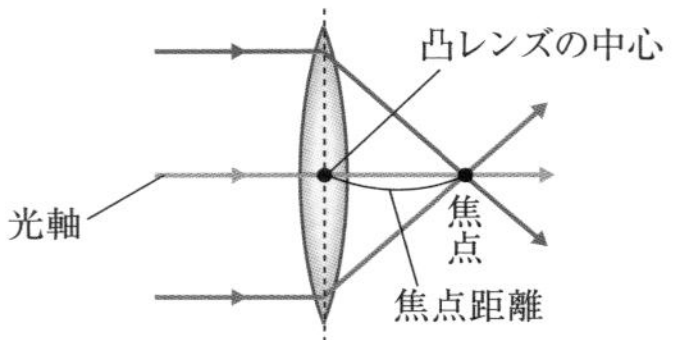

① 凸レンズの性質

● 焦点…光軸に平行な光が**屈折して集まる点**。
　　　　└凸レンズの両側にある。
● 焦点距離…凸レンズの中心から焦点までの距離。
● 光軸（凸レンズの軸）…凸レンズの中心を通り，凸レンズの面に対して垂直な線。

凸レンズの中心
光軸
焦点
焦点距離

② 凸レンズを通る光の進み方

　［1］ 光軸に平行な光は，**反対側の焦点を通る**。
　［2］ 凸レンズの中心を通る光は，**直進する**。
　［3］ 手前の焦点を通る光は，**光軸に平行に進む**。

▼ 凸レンズを通る光の進み方
物体
凸レンズ ①
実像
光軸
焦点
中心
① ② ③
③ ② ①

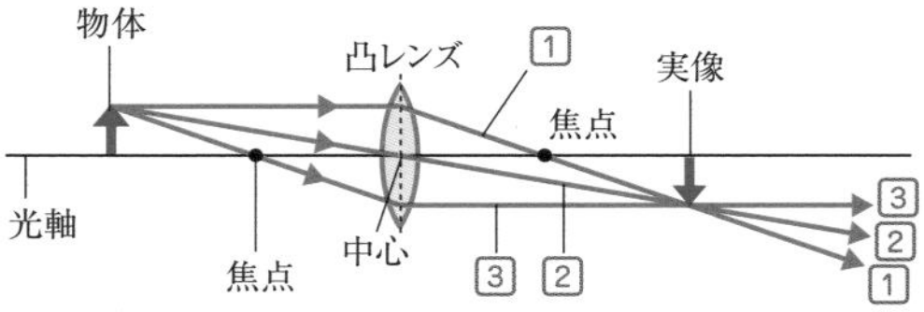

2 凸レンズによる像

① 実像の見え方

● 実像…物体が凸レンズの**焦点より外側にあるとき**，凸レンズをはさんで物体と反対側にあるスクリーンに光源や物体からの光が集まってできる像。**上下左右が逆向き**である。
　　└焦点の位置にあるとき，像はできない。こうげん
　［1］ 物体が焦点距離の2倍の位置より遠くにあるとき（図1）⇒物体より**小さい像**が**焦点と焦点距離の2倍の位置の間に**できる。
　［2］ 物体が焦点距離の2倍の位置にあるとき（図2）⇒物体と**同じ大きさの実像**が，**焦点距離の2倍の位置**にできる。
　［3］ 物体が焦点と焦点距離の2倍の位置の間にあるとき（図3）⇒物体より**大きな実像**が，**焦点距離の2倍の位置より遠く**にできる。

② 虚像の見え方

● 虚像…物体が凸レンズの**焦点よりも内側にあるとき**，物体の反対側から凸レンズを通して見える像。物体より大きく，**上下左右が同じ向き**である。

図1
凸レンズ　物体より小さい実像
焦点　2倍
物体　2倍　焦点

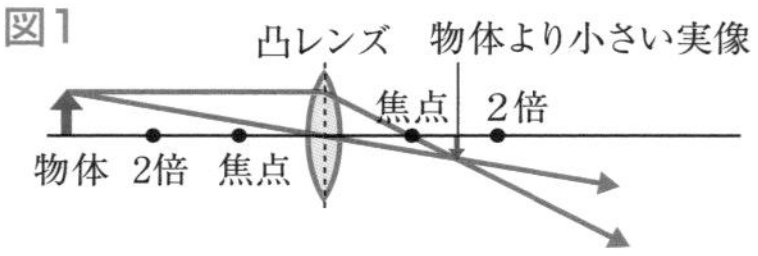

図2
凸レンズ
焦点　2倍
物体と同じ大きさの実像
2倍　焦点
物体

図3
凸レンズ　物体より大きな実像
2倍
物体
2倍　焦点　焦点

▼ 虚像の見え方
焦点
虚像　物体

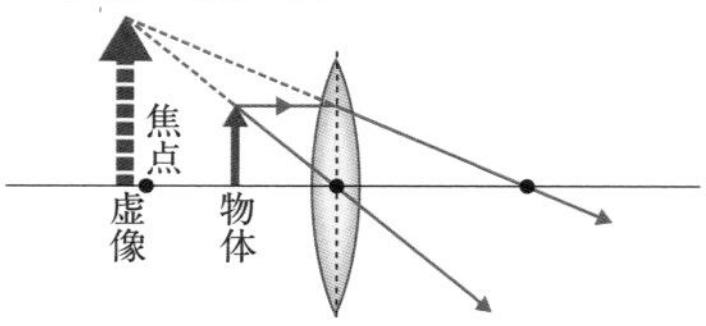

テストの 要点 を書いて確認

別冊解答 P.17

　　　　　にあてはまることばを書こう。

● 凸レンズによる像

・物体が焦点より外側にあるとき，スクリーン上にできる像を ①　　　　　　 という。

・物体が焦点より内側にあるとき，物体の反対側から凸レンズを通して見える像を
②　　　　　　 という。

STEP
2
基本問題

テスト
5日前
から確認!

別冊解答 P.17

得点

／100点

第3章
2
凸レンズのはたらき

1 次の図の光は，凸レンズを通ったあと，それぞれどのように進むか。
光の進み方として適切なものを，図中のa～cから1つずつ選びなさい。

(20点×3)

(1)

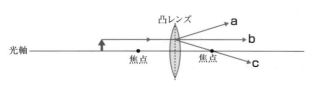

[　　　　]

(2)

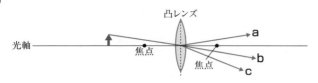

[　　　　]

(3)

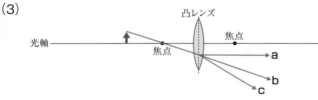

[　　　　]

2 次の図のような装置で，像の見え方を調べた。あとの問いに答えなさい。

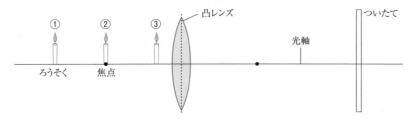

(1) ①の位置にろうそくを置いたとき，凸レンズの右側のついたてにう
つる像を何というか。(20点)　　　　　[　　　　]

(2) (1)の像について，もとの物体と比べて，大きさはどのように見え
るか。上の図から判断して答えなさい。(10点)

[　　　　]

(3) 凸レンズを通して虚像が見えるのは，②と③のいずれの位置にろう
そくを置いた場合か，答えなさい。(10点)　[　　　　]

1
(1) 光軸に平行に進む光
は，凸レンズで屈折し，反
対側の焦点を通る。
(2) 凸レンズの中心を通
る光は，まっすぐ進む。
(3) 焦点を通る光は，凸レ
ンズで屈折し，光軸に平行
に進む。

2
凸レンズに対して，
①焦点の外側に物体を置
いたとき➡実像
②焦点の上に置いたとき
➡像はできない
③焦点の内側に物体を置
いたとき➡虚像

1 凸レンズを通った光の進み方を調べるために，次のような実験をした。あとの問いに答えなさい。

[実験] 下の図のように，凸レンズを光軸上の**E**点に置き，光軸に平行な光を当てたところ，光は**G**点に集まった。凸レンズの位置はこのままで，物体とスクリーンを移動させて，像がはっきりとスクリーンにうつる位置を調べた。

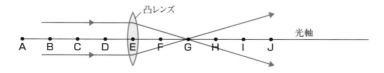

(1) **G**点を何というか。漢字で答えなさい。(5点)

(2) **A**点に物体を置いたとき，像はどこにできるか。**A**〜**J**から１つ選び，記号で答えなさい。(10点)

(3) 物体を置いても像ができない位置はどこか。**A**〜**D**から１つ選び，記号で答えなさい。(10点)

(4) **D**点に物体を置いたとき，何という像が見られるか，答えなさい。(10点)

(1)		(2)		(3)		(4)	

2 右の図は，物体，凸レンズ，光軸，焦点の位置を表したものである。これらを用いて，次のような実験を行った。あとの問いに答えなさい。

[実験] 焦点距離が８cmの凸レンズの中心から左側４cmのところに高さが４cmの大きさの物体を置いたところ，凸レンズの右側でスクリーンを動かしても，スクリーンに像をうつすことはできなかった。

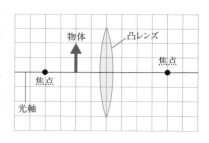

また，このとき，凸レンズの右側から凸レンズを通して像を見ることができた。

よくでる (1) 凸レンズの右側から凸レンズを通して見ることができる像を何というか。(5点)

(2) (1)の像の向きは上下左右が同じ像か，それとも上下左右が反対の像か。また，像の大きさはもとの物体と比べて大きくなるか，小さくなるか。(5点×2)

(3) このとき，見える像の大きさは何cmか。上の図を利用して求めなさい。(10点)

(1)			(2) 向き	
(2) 大きさ			(3)	

3 右の図のように，凸レンズの焦点の外側に「P」の字を書いた透明なガラス板を置き，光を当てると半透明のスクリーンに像がはっきりとできた。図のように，スクリーンにうつった像をスクリーンの右側から見ると，どのように見えるか。右のア～エから1つ選び，記号で答えなさい。(10点)

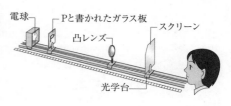

記号	

4 次の図は，物体，凸レンズ，光軸，焦点の位置を表したものである。あとの問いに答えなさい。ただし，凸レンズの焦点距離は10cm，図の1めもりは2cmとする。

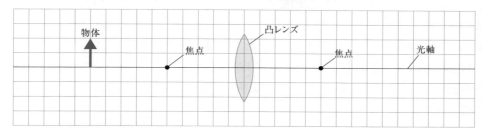

(1) 像は凸レンズから何cmの位置にできるか。また，像の大きさは何cmか。上の図を利用して求めなさい。(5点×2)

(2) 物体を(1)の位置から左へ10cm，凸レンズから遠ざけた。このとき像ができる位置はどのようになるか。次のア～ウから1つ選び，記号で答えなさい。(5点)
　ア　凸レンズに近づく　　イ　凸レンズから離れる　　ウ　変わらない

(3) (2)のときにできる像の大きさは，(1)のときにできる像の大きさに比べてどのようになるか。次のア～ウから1つ選び，記号で答えなさい。(5点)
　ア　大きくなる　　イ　小さくなる　　ウ　変わらない

(4) 物体を(1)の位置から右へ5cm，凸レンズに近づけた。このとき像ができる位置はどのようになるか。次のア～ウから1つ選び，記号で答えなさい。(5点)
　ア　凸レンズに近づく　　イ　凸レンズから離れる　　ウ　変わらない

(5) 物体を(1)の位置から右へ15cm，凸レンズに近づけた。このときの像を見るためには，どのようにすればよいか。簡単に書きなさい。(5点)

(1)	距離		大きさ		(2)	
(3)		(4)				
(5)						

3 音

STEP 1 要点チェック

テスト
1週間前
から確認!

1 音

① 音

● **音の発生**…音を出すものを**音源**（発音体）といい，音を出しているとき音源は**振動している**。

● **音の伝わり方**…音源が振動すると，まわりの空気はおし縮められて濃くなったり，引かれてうすくなったりする。この**空気の変化が次々と伝わる**現象を**波**という。

● **音を伝えるもの**…空気などの気体だけでなく，水などの液体，金属などの固体も音を伝える。真空中では振動を伝える物質がないので，音は伝わらない。

● **音の伝わる速さ**…空気中で**約340m/s**（15℃）。水：約1500m/s　鉄：約5950m/s
　　m/sは1秒間に進む距離
光の伝わる速さは約30万km/sで，**音の速さと比べてはるかに速い**。

● **共鳴**…同じ高さの音が出る音さでは，1つの音さをたたくと，もう一方の音さも振動する。

▼ 共鳴のしくみ

振動数の等しい音さ

A　　　　　　　　B

Aを鳴らすと，Bも鳴りだす。

2 音の性質 おぼえる!

① 振幅と振動数

● **振幅**…振動の**振れ幅**。

● **振動数**…**1秒間に振動する回数**。単位は**ヘルツ**（記号**Hz**）。

● **オシロスコープ**…振動のようすを波形で表す装置。
　　横軸は時間を表している。

▼ オシロスコープの波形

振幅

1回の振動

▼ オシロスコープで見た音のようす

高い音　←→　低い音

大きい音

小さい音

② 音の大きさと高さ

・大きい音は**振幅**が大きく，小さい音は**振幅**が小さい。

・高い音は**振動数**が多く，低い音は**振動数**が少ない。

③ 弦の振動

・弦を強くはじく⇒**振幅**が大きい⇒**大きな**音

・弦を強く張る⇒**振動数**が多い⇒**高い**音

・弦を**長く**する⇒**振動数**が少ない⇒**低い**音

テストの 要点 を書いて確認

別冊解答 P.18

□ にあてはまることばを書こう。

● 音の大きさと高さ

・イ…アよりも [①_____] い音

・ウ…アよりも [②_____] い音

・エ…アよりも [③_____] くて，[④_____] い音

ア　　　　イ

ウ　　　　エ

基本問題

1 右の図のように，密閉した容器の中にベルを
入れ，空気を抜いていった。次の問いに答え
なさい。

真空計

真空ポンプ

真空鐘

ベル

排気盤

(1) 音はどのような形で伝わっていく
か。(10点)　　　　　[　　　　　]

(2) 空気を抜いていったときのベルの音
について，次のア～ウから適切なものを1つ選び，記号で答えなさ
い。(10点)　　　　　　　　　　　　　　　　[　　　　　]

ア　最初はよく聞こえていたが，だんだん聞こえにくくなった。

イ　音の大きさは変わらなかったが，だんだん音が低くなった。

ウ　最初は聞こえにくかったが，だんだん大きく聞こえるように
なった。

(3) 音を伝えていたものは何か。(15点)　　　[　　　　　]

2 右の図は，いろいろな音をコンピュータの画面に表したものである。
次の問いに答えなさい。

A　　　　　　　B

(1) 最も大きい音はどれか。A ～ Dから
1つ選び，記号で答えなさい。(10点)
[　　　　　]

(2) 最も高い音はどれか。A ～ Dから1
つ選び，記号で答えなさい。(10点)
[　　　　　]

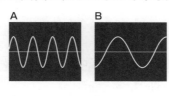

C

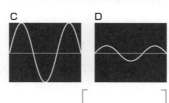

D

(3) 音の高さは，音の何によって変わる
か。(15点)　　　　　　[　　　　　]

3 モノコードを用いて，音を出す方法として，次のア～ウの記述を読んで，
あとの問いに答えなさい。

ア　振動させる弦の長さを短くする。　　イ　振動させる弦をゆるめる。

ウ　振動させる弦を強くはじく。

(1) 音の高さを高くするためには，どのようにすればよいか。上のア～
ウから1つ選び，記号で答えなさい。(10点)　　[　　　　　]

(2) 音の大きさを大きくするためには，どのようにすればよいか。上の
ア～ウから1つ選び，記号で答えなさい。(10点)　[　　　　　]

(3) (2)のとき，音が大きくなったのは，音の何が変わったからか。
(10点)　　　　　　　　　　　　　　　　　[　　　　　]

1

(2) 音はものの振動によっ
て伝わっていくので，伝え
るものがない場合は，音は
聞こえなくなる。

2

振幅の大きさが同じなら，
音の大きさは同じである。
振動数が同じなら，音の高
さは同じである。

3

(1) 音の高さを高くするた
めには，振動数が多くなる
方法を選ぶ。
(2) 音の大きさを大きくす
るためには，振幅が大きく
なる方法を選ぶ。

STEP
3
得点アップ問題

テスト
3日前
から確認!

別冊解答 P.19

得点

／100点

1 空気中を伝わる音の速さを毎秒340mとして,次の問いに答えなさい。

(1) 花火が光るのが見えてから,3秒後に花火の音が聞こえた。このとき,見ているところから花火までの距離は何mか。(5点)

(2) なぜ花火が光るのが見えてから,花火の音が聞こえてくるのか。その理由を簡単に書きなさい。(5点)

(3) 建物の壁から85m離れた場所で陸上競技のスタート用のピストルを鳴らした。この音が建物にはね返ってピストルを持った人に聞こえるのは,ピストルを鳴らしてから何秒後か。(5点)

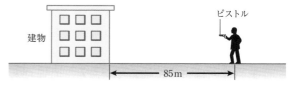

ピストル

建物

85m

(4) 真空中で(3)で用いたピストルを鳴らしたとすると,音は聞こえるか,聞こえないか。(5点)

(5) (4)のように答えた理由を簡単に書きなさい。(6点)

(1)		(2)	
(3)		(4)	
(5)			

2 図1のように,振動数が同じA,B2つの音さを並べ,Aの音さをたたいた。次の問いに答えなさい。

(1) このとき,A,Bの音さは,それぞれどうなるか。(5点×2)

(2) Bが(1)のようになるのはなぜか。その理由を簡単に書きなさい。(5点)

図1

A　　　B

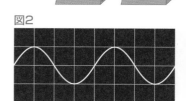

(3) Aの音さの音を,オシロスコープで観察したところ,図2のような波形ができた。Aの音さが,1回振動するのにかかる時間は何秒か。次のア〜ウから1つ選び,記号で答えなさい。ただし,横軸の1めもりは0.001秒を示している。(5点)

ア　0.001秒　　　イ　0.002秒　　　ウ　0.004秒

図2

(4) この音さが1秒間に振動する回数は何回か。また,これは何Hzか。(5点×2)

(1)	A		B	
(2)				
(3)		(4) 振動する回数		Hz

3 試験管やビーカーに水を入れて，音を出した。次の問いに答えなさい。

(1) 試験管の上から息をふき込んで，音を出した。このとき音が出るのは，何が振動しているからか。(6点)

(2) (1)のとき，高い音を出すにはどうすればよいか。次のア～エから1つ選び，記号で答えなさい。(6点)

 ア　試験管の中の水を捨てる。 イ　試験管の中にさらに水を入れる。

 ウ　息を強くふき込む。 エ　息を弱くふき込む。

(3) コップに水を入れて，棒でたたいて音を出した。このとき高い音を出すにはどうすればよいか。次のア～ウから1つ選び，記号で答えなさい。(6点)

 ア　コップを強くたたく。 イ　コップにさらに水を入れる。

 ウ　コップの中の水を減らす。

(1)		(2)		(3)	

4 モノコードを使って音の高さや大きさを調べた。次の問いに答えなさい。

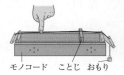

モノコード　ことじ　おもり

(1) ことじの位置，おもりの重さを変えないで，弦を強くはじいたとき，弦はどうなるか。次のア～オから1つ選び，記号で答えなさい。(5点)

 ア　大きく振れる。 イ　小さく振れる。

 ウ　速く（一定時間に多く）振動する。 エ　ゆっくり（一定時間に少なく）振動する。

 オ　振動は変わらない。

(2) 弦をはじく強さ，おもりの重さを変えないで，上の図のモノコードのことじを左に動かして，振動する部分の長さを変えて弦をはじいたとき，弦はどうなるか。
次のア～オから1つ選び，記号で答えなさい。(5点)

 ア　大きく振れる。 イ　小さく振れる。 ウ　速く（一定時間に多く）振動する。

 エ　ゆっくり（一定時間に少なく）振動する。 オ　振動は変わらない。

(3) 弦をはじく強さ，ことじの位置を変えないで，おもりを重くして弦をはじいたとき，音はどうなるか。次のア～オから1つ選び，記号で答えなさい。(5点)

 ア　音が小さくなる。 イ　音が大きくなる。 ウ　音が低くなる。

 エ　音が高くなる。 オ　音の大きさと高さは変わらない。

(4) 物体の振幅が大きいほど，音はどうなるか。(5点)

(5) 物体の振動数がどうなるほど，音は高くなるか。(6点)

(1)		(2)		(3)	
(4)				(5)	

4 力のはかり方

STEP 1 要点チェック

テスト1週間前から確認!

1 力の性質 おぼえる!

① **力のはたらき**

　[1] 物体の形を変える。　[2] 物体を支える。　[3] 物体の運動のようす（速さや向き）を変える。

② **物体どうしがふれ合ってはたらく力**

● **垂直抗力**…物体が机などの面をおしたときに，**面が物体を垂直におし返す力**。

● **弾性の力（弾性力）**…力を受けて変形したばねなどの物体が，**もとの形にもどろうとする力**。
この性質を弾性という。

● **摩擦力**…物体どうしがふれ合っている面にはたらく。物体が運動しているときには，**運動をさまたげる向き**にはたらく。

③ **離れた物体にはたらく力**

● **重力**…地球が物体を引く力。重力は**地球の中心に向かって**はたらく。

● **磁石の力（磁力）**…**同じ極**（N極とN極，S極とS極）の間には**しりぞけ合う力**，**異なる極**（N極とS極）の間には**引き合う力**がはたらく。

● **電気の力**…**同じ電気**（＋と＋，－と－）の間には**しりぞけ合う力**，**異なる電気**（＋と－）の間には**引き合う力**がはたらく。

2 力の大きさとばねののびの関係

① **力の大きさをはかる道具**

● **ばねばかり**…ばねの弾性を利用して，ばねののびから力の大きさをはかる器具。

② **力の大きさ**…**ニュートン**（記号N）という単位で表す。**約100gの物体にはたらく重力の大きさ（重さ）を1N**とする。

③ **フックの法則**

　ばねを引く力を大きくしていくと，ばねののびは大きくなっていく。**ばねののびは，ばねに加わる力の大きさに比例**する。

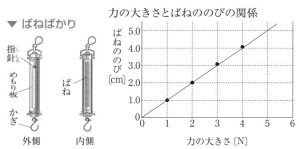
▼ ばねばかり
指針　めもり板　かぎ　ばね
外側　内側

力の大きさとばねののびの関係
ばねののび〔cm〕
5.0
4.0
3.0
2.0
1.0
0　1　2　3　4　5　6
力の大きさ〔N〕

ミス注意! ばねに加わる力の大きさに比例するのは，ばねの長さではなく，ばねののびである。

テストの 要点 を書いて確認

別冊解答 P.19

□ にあてはまることばを書こう。

● 力の種類

・地球が，その中心に向かって物体を引く力を ① □ という。

・変形した物体が，もとにもどろうとして生じる力を ② □ という。

・ふれ合っている物体の間にはたらき，物体の運動をさまたげようとする力を ③ □

　という。

STEP
2
基本問題

テスト
5日前
から確認!

別冊解答 P.19

得点

／100点

1 次のような場合，それぞれどのような力がはたらいているか。(10点×4)

① 床の上に置いた荷物をおしても荷物が動かないとき。

[　　　　　　　　　　]

② リンゴが手から地面に落ちたとき。 [　　　　　　　　　　]

③ 引きのばしたばねがもとの長さにもどるとき。

[　　　　　　　　　　]

④ 磁石のN極とS極を向かい合わせて近づけたとき。

[　　　　　　　　　　]

① ①物体の運動をさまたげる力である。
②地球が，その中心に向かって物体を引く力である。

第3章
4
力のはかり方

2 次の図は，下のア～ウの力のはたらきのうち，それぞれどれがあてはまるか。記号で答えなさい。(6点×5)

① [　　　] ② [　　　] ③ [　　　] ④ [　　　] ⑤ [　　　]

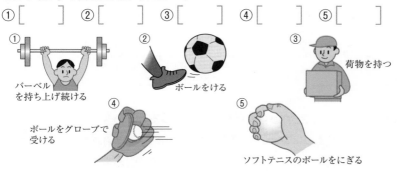

① バーベル を持ち上げ続ける
② ボールをける
③ 荷物を持つ
④ ボールをグローブで受ける
⑤ ソフトテニスのボールをにぎる

ア 物体の形を変える 　　　イ 物体を支える

ウ 物体の運動のようすを変える

② 図のそれぞれの物体に注目して，どのような力がはたらいているか考えよう。

3 図を見て，次の問いに答えなさい。ただし，100gの物体にはたらく重力の大きさを1Nとし，ばねの重さは考えない。

(1) 長さが15cmのばねに60gのおもりを1個つるすとばねの長さが18cmとなった。同じ重さのおもりをもう1個つるすと，ばねの長さは何cmになるか。(10点)

[　　　　　　　　　　]

(2) このばねの長さを1cmのばすために必要な力の大きさは，何Nか。(10点)

[　　　　　　　　　　]

(3) 重さ3Nのおもりを1個つるすと，このばねの長さは，何cmになるか。(10点)

[　　　　　　　　　　]

③ (2) 60gは，0.6Nに直してから計算する。
(3) ばねののびは，加わる力の大きさに比例する。

1 力のはたらきには，次のア〜ウがある。あとの問いに答えなさい。

　ア　物体の形を変える。

　イ　物体を支える。

　ウ　物体の動きを変える。

(1) 次の①〜④は上のア〜ウのどのはたらきにあてはまるか。それぞれ１つずつ選び，記号で答えなさい。(5点×4)

　①　かばんを持っている。

　②　台車をおすと動いた。

　③　持っているボールを手からはなすとボールが落ちる。

　④　ころがるボールを足で止めた。

 (2) (1)の③で手からはなすとボールが落ちるのは，ボールに重力という力がはたらいたからである。重力とは，どのような力か，簡単に書きなさい。(7点)

(1)	①		②		③		④	
(2)								

2 右の図のように，ばねA，Bに1個20gのおもりをいくつかつるしていき，ばねののびを調べたところ，表のようになった。あとの問いに答えなさい。ただし，100gの物体にはたらく重力の大きさを1Nとし，ばねの質量は考えないものとする。

おもりの個数〔個〕	1	2	3	4	5
ばね A ののび〔cm〕	3.0	6.0	9.0	12.0	15.0
ばね B ののび〔cm〕	4.0	8.0	12.0	16.0	20.0

(1) ばねAにおもりを７個つるすと，ばねAは何cmのびるか。(4点)

(2) ばねBに75gのおもりをつるすと，ばねBは何cmのびるか。(5点)

(3) おもりをはずして手でばねAを引くと，ばねののびは22.5cmになった。手がばねAを引いた力は何Nか。(5点)

(4) 別のばねCを用意して同じように１個20gのおもりを８個つるすと，ばねBにおもりを７個つるしたときとばねののびが等しくなった。A〜Cのばねを，のびやすい順に並べなさい。(6点)

(1)		(2)	
(3)		(4)	→ 　　　　 →

3 図のA～Cではたらく力について，あとの問いに答えなさい。

A：ざらざらした面の上で，糸のついた物体を引っ張る。<u>→面から物体にはたらく力</u>

B：なめらかな面の上で，壁と物体をばねでつなぎ，物体を糸で引っ張る。<u>→ばねから物体にはたらく力</u>

C：物体を糸で天じょうにつり下げた。<u>→物体が地球の中心に向かって引かれる力</u>

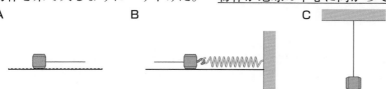

(1) 図の**A**，**C**で，物体にはたらく下線部の力を何といいますか。(5点×2)

(2) 図の**B**で，物体にはたらく下線部の力の名称を答えなさい。また，はたらく力の向きは，上・下・左・右のどれか。答えなさい。(5点×2)

(3) **A**～**C**にはたらく力のうち，ほかの２つの力と物体どうしの位置関係がちがうのはどれか。**A**～**C**から１つ選び，記号で答えなさい。また，そのように判断できる理由を書きなさい。
(5点×2)

(1)	**A**			**C**	
(2)	名称			力の向き	
(3)	記号		理由		

4 ばね**A**，**B**について，つるしたおもりの質量とばねの長さの関係について調べたところ，右の表のようになった。次の問いに答えなさい。ただし，100gの物体にはたらく重力の大きさを1Nとし，ばねの質量は考えないものとする。

おもりの質量〔g〕	10	20	30	40	50
ばね**A**の長さ〔cm〕	10.0	12.0	14.0	16.0	18.0
ばね**B**の長さ〔cm〕	9.0	12.0	15.0	18.0	21.0

(1) 表をもとにして，ばねに加わる力の大きさとばね**A**，**B**ののびの関係を表すグラフを，図１にかきなさい。(7点)

(2) ばねに加わる力の大きさとばねののびには，どのような関係があるか。(5点)

(3) ばね**A**１本に200gのおもりを１個つるすと，ばね**A**ののびは何cmになるか。(5点)

(4) 図２のように，ばね**A**の一方の端を天じょうにつるし，他方の端にばね**B**をつないだ。ばね**B**のもう一方の端には60gのおもりをつるした。２つのばね**A**，**B**ののびの和は何cmになるか。(6点)

図1

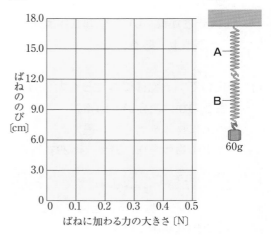

図2

(1)	図にかく。	(2)	
(3)		(4)	

5 力の表し方

STEP 1 要点チェック

テスト1週間前から確認！

1 重さと質量

① 重さ…物体にはたらく**重力の大きさ**。単位は**ニュートン**（記号**N**）。

ばねばかりで測定され，場所によってその値は異なる。月面上では，重力の大きさが地球上の約$\frac{1}{6}$なので，重さも**地球上の約$\frac{1}{6}$**になる。

② 質量…**物体そのものの量**。単位は**グラム**（記号**g**）やキログラム（記号**kg**）。

上皿てんびんで測定され，場所によって変わらない。

2 力の表し方

① **力の三要素**

物体にはたらく力は，**力のはたらく点（作用点）**，**力の向き**，**力の大きさ**の3つの要素をもつ。

② **力の表し方**

① **力のはたらく点（作用点）**：「●」で示し，矢印の始点にする。

② **力の向き**：矢印の向きで表す。

③ **力の大きさ**：矢印の長さで表し，**矢印の長さは力の大きさに比例**させる。

▼ 力の表し方

力のはたらく点（作用点）／力の大きさ 10Nを1cmとすると，20Nは2cm／力の向き

3 力のつり合い

① **力がつり合う条件**…物体に2つ以上の力がはたらいているのに，物体が動かないとき，物体にはたらく力は「つり合っている」という。

● **2力がつり合う条件**

1つの物体にはたらく2力は，

① **大きさが等しい**　② **向きが反対**

③ **一直線上にある**

をすべて満たすとき，つり合う。
└条件が1つでもかけていると，つり合わない。

ポイント 2力のつり合いの3条件
① 大きさが等しい
② 向きが反対
③ 一直線上にある

② **静止している物体にはたらく力**…力がはたらいているのに**物体が動かないとき**，その力とつり合う力がはたらいている。

机の上に物体を置く。⇒**重力**とつり合う**垂直抗力**がはたらいている。

机の上の物体を横におす。⇒**おす力**とつり合う**摩擦力**がはたらいている。

テストの **要点** を書いて確認

別冊解答 P.21

□にあてはまることばを書こう。

● 力のつり合いのまとめ

1つの物体にはたらく2力は，大きさが ① _____ ，向きが ② _____ ，
③ _____ にあるという3つの条件すべてを満たすとき，つり合う。

基本問題

1 右の図は，物体を指でおしたときにはたらく力を矢印で表したものである。次の問いに答えなさい。ただし，1Nの力の大きさを0.5cmの長さで表している。

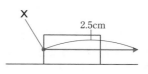

(1) 図のとき，物体は右と左のどちらに動くか。(10点) [　　　　]

(2) 点**X**は力のはたらく点である。この点を何というか。(10点) [　　　　]

(3) 指が物体をおした力の大きさは何Nか。(12点) [　　　　]

1
(1) 矢印の向きは，力の向きを表している。
(3) 矢印の長さは，力の大きさに比例した長さにする。

2 図1のように，物体を上皿てんびんではかると，600gの分銅とつり合った。次の問いに答えなさい。ただし，矢印は物体にはたらく重力を表し，月面上での重力の大きさは，地球上の$\frac{1}{6}$とする。

図1

地球

(1) 上皿てんびんではかった物体そのものの量を何というか。(10点) [　　　　]

(2) 図2のように，月面上で物体を上皿てんびんではかると何gの分銅とつり合うか。(12点) [　　　　]

図2

月

(3) 月面上での重力を矢印で表すと，矢印の長さはどうなるか。次の**ア～ウ**から1つ選び，記号で答えなさい。(12点) [　　　]

ア 地球上より長くなる。　　**イ** 地球上より短くなる。

ウ 地球上と変わらない。

2
(3) 重力の大きさは，場所によって異なる。

3 次のA～Cは，1つの物体にはたらく2力を矢印で示している。あとの問いに答えなさい。

A　　　　　B　　　　　C

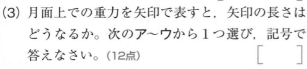

(1) **A**のように一直線上にない2力はつり合っているといえか，いえないか。(10点) [　　　　]

(2) **B**の2力，**C**の2力はそれぞれつり合っているか。つり合っていれば○を，つり合っていなければその理由を書きなさい。(12点×2)

B [　　　　]

C [　　　　]

3
(2) 2力がつり合う条件は，一直線上にあることに加えて，
・大きさが等しいこと
・向きが反対であること
の全部で3つ。

1 力の大きさについて，次の問いに答えなさい。

作図 (1) 次の①〜③のときにはたらく力の大きさと向きを，下の図に矢印で表しなさい。ただし，100gの物体にはたらく力の大きさを1N，•を作用点とする。(6点×3)

① 手がボールを支える1Nの力。（1Nの力を1cmの矢印で表す。）

② 手がかばんを引く15Nの力。（10Nの力を1cmの矢印で表す。）

③ 200gのリンゴにはたらく重力。（1Nの力を1cmの矢印で表す。）

① ② ③

(2) 質量について正しく述べているものを，次の**ア〜カ**の中からすべて選びなさい。(6点)

ア 地球以外の天体でもはたらき，場所によって大きさが変わる。

イ 場所によって，変わらない量である。

ウ ばねばかりを使って，大きさを求めることができる。

エ てんびんを使い，基準となる分銅と比べて，大きさを求める。

オ 単位はNである。

カ 単位はgやkgである。

(1)	①	図にかく。	②	図にかく。	③	図にかく。	(2)	

2 水平面上に静止している物体に，次の図1〜3のように2つの力を加えた。あとの問いに答えなさい。

図1 図2 図3

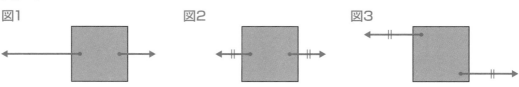

(1) 図1の物体はどうなるか。次の**ア〜オ**から選びなさい。(5点)

ア 静止したまま動かない。　　**イ** 右に動く。　　　　　　**ウ** 左に動く。

エ 時計回りに回転する。　　　**オ** 反時計回りに回転する。

(2) 図2の物体はどうなるか。（1）のア～オから選びなさい。（5点）

(3) 図3の物体はどうなるか。（1）のア～オから選びなさい。（5点）

文章記述 (4) （3）のように判断できるのはなぜか。簡単に答えなさい。（5点）

(1)		(2)		(3)	
(4)					

3 ばねA，Bについて，地球上でつるしたおもりの質量とばねののびの関係について調べたところ，下の表のようになった。あとの問いに答えなさい。ただし，100gの物体にはたらく重力の大きさを1Nとする。また，ばねの質量は考えず，月面上での重力の大きさは，地球上の$\frac{1}{6}$とする。

おもりの質量〔g〕	10	20	30	40	50	60
ばね A ののび〔cm〕	2.0	4.0	6.0	8.0	10.0	12.0
ばね B ののび〔cm〕	3.0	6.0	9.0	12.0	15.0	18.0

(1) 地球上で，ばねAに150gのおもりを1個つるすと，ばねAののびは何cmになるか。（4点）

(2) 月面上で，ばねBにおもりをつるしたとき，ばねBが2.0cmのびた。おもりの質量は何gか。（5点）

(3) 地球上で，図1のように60gのおもりをつるすと，ばねBののびは何cmになるか。（5点）

(4) 月面上で，図2のように120gのおもりをつるすと，2つのばねA，Bののびの和は何cmになると考えられるか。（6点）

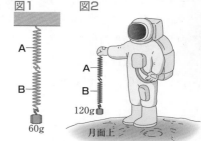

図1　図2

月面上

(1)		(2)	
(3)		(4)	

くわしく 4 図1のように，水平な床に5kgの物体が置いてある。100gの物体にはたらく重力を1Nとして，次の問いに答えなさい。

(1) 物体は床を何Nの力でおしているか。（4点）

(2) 物体は床から①上下左右どの向きで，②大きさが何Nの力を受けているか。また，それは③何という名称の力か。（4点×3）

(3) 図1の物体を右向きに20Nの力でおしたが動かなかった。このとき物体は床から，（2）の力に加えてさらに，①上下左右どの向きで，②大きさが何Nの力を受けているか。また，それは③何という名称の力か。（5点×3）

(4) 図1の物体を図2のようにして上向きに引くと，物体が床の面から離れた。このとき，手が引く力の大きさは何Nか。ただし，ひもの質量は考えないものとする。（5点）

図1　図2

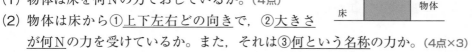

床　5kgの物体　ひも

(1)		(2)	①		②		③	
(3)	①			②			③	
(4)								

定期テスト予想問題

別冊解答 P.22

目標時間	得点
45分	／100点

1 右の図は，人が鏡の前に立ったとき，見える像と鏡との位置関係を示している。

実物　　　　　　　像

鏡

作図 (1) 右の図に，頭と足の先から出た光が目に届くまでの道すじを作図しなさい。(7点)

(2) (1)の結果から，身長160cmの人が鏡に全身をうつすのに必要な鏡の大きさは何cm以上か。(8点)

(1)	図にかく。	(2)	

2 右の図のように，凸レンズによる像のでき方を調べた。次の問いに答えなさい。

よくでる (1) 光源を**A**の位置に置いたとき，スクリーンにできる像はどのようになるか。次のア〜エから1つ選び，記号で答えなさい。(8点)

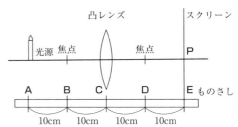

凸レンズ　　　　　スクリーン

光源　焦点　　　　焦点　　P

A　　B　　C　　D　　E ものさし

10cm　10cm　10cm　10cm

ア　　　　イ　　　　ウ　　　　エ

文章記述 (2) 光源を**A**よりやや左の位置に置いた。スクリーンを左右に動かして像をつくったとき，スクリーンの位置と像の大きさは，**A**のときと比べてどのように変化するか。簡単に答えなさい。(8点)

(3) スクリーンのほうから凸レンズを通して光源を見たとき，光源が実物より大きく見えるのは光源をどことどこの間に置いたときか。**A**〜**E**を使って答えなさい。(8点)

(4) 凸レンズの下半分を黒い紙でおおったとき，スクリーンにできる像はどうなるか。正しく述べているものを次のア〜エから1つ選び，記号で答えなさい。(8点)

ア　像の下半分がうつらない

イ　像の上半分がうつらない

ウ　大きさは同じで，暗い像ができる

エ　小さく，暗い像ができる

(1)		(2)		
(3)			(4)	

3 次の図のようなモノコードで，弦の長さ，弦を張るおもりの質量を変え，弦をはじいたときの音のちがいを調べた。表は条件を変えて調べたものをまとめたものである。あとの問いに答えなさい。

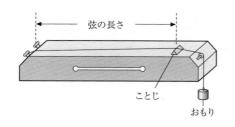

	弦の長さ	おもりの質量
A	20cm	600g
B	40cm	600g
C	40cm	300g

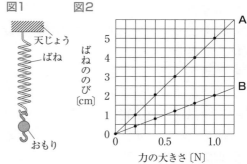

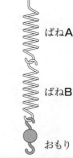

(1) 最も高い音が出るのはどれか。表のA～Cから1つ選び，記号で答えなさい。(7点)

(2) 弦の長さによって出る音のちがいを調べるには，どれとどれを比べればよいか。A～Cから選び，記号で答えなさい。(8点)

(3) BはCより弦の振幅を大きくした。BとCの音を比べると，どのようなことがいえるか。次のア～エから1つ選び，記号で答えなさい。(7点)

　ア　BはCより音の大きさは大きく，音の高さはCと変わらない。

　イ　BはCと音の大きさは同じで，音の高さはCより高い。

　ウ　BはCよりより音の大きさは大きく，音の高さはCより高い。

　エ　BはCと音の大きさは同じで，音の高さはCより低い。

(1)		(2)		(3)	

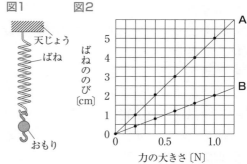

4　ばねA，Bを用意し，それぞれ図1のように，ばねに1個20gのおもりをいくつかつるして，ばねののびを調べた。図2は，ばねを引く力の大きさとばねののびの関係を表したものである。次の問いに答えなさい。ただし，100gの物体にはたらく重力の大きさを1Nとする。

(1) ばねを引く力の大きさと，ばねののびの関係を表す法則を何というか。(6点)

(2) ばねにおもりをつるしたとき，おもりにはたらいている力を，次のア～エからすべて選び，記号で答えなさい。(6点)

　ア　弾性力　　　イ　おもりがばねを引く力

　ウ　重力　　　　エ　ばねが天じょうを引く力

(3) ばねAにおもりを4個つるしたとき，ばねAののびは何cmになるか。(6点)

(4) ばねBののびが4cmになるとき，おもりを何個つるしているか。(6点)

(5) 図3のように，ばねAとばねBをつないで150gのおもりをつるしたとき，ばねAとばねBののびの合計は何cmになるか。(7点)

(1)		(2)		(3)	
(4)		(5)			

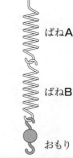

1 火山

STEP 1 要点チェック

テスト1週間前から確認!

1 火山 _{かざん}

① **火山と火山噴出物** _{かざんふんしゅつぶつ}

● **火山**…地下深くの<u>マグマ</u>が地表に噴出してできた地形。
　　　　　　　_{ふん か}└地下の岩石がどろどろにとけた高温の物質。

● **火山噴出物**…火山が**噴火**するときにふき出されるもの。
　　溶岩，**火山灰**，**火山れき**，**火山弾**，**軽石**，**火山ガス**など。
　　_{ようがん}　_{ばい}　　　　　　_{だん}　_{かるいし}

> **くわしく**
>
> マグマは，火山の地下5〜10kmのところにあるマグマだまりに一時的にたくわえられ，そこから上昇し，地表に噴出する。これが，火山の噴火である。

② **マグマのねばりけと火山のようす** おぼえる!

・マグマのねばりけが強い…火山はおわんをかぶせたような形をしており，溶岩の色は**白っぽい**。**激しく爆発的な噴火**が起こりやすい。 例昭和新山，雲仙普賢岳
　　　　　　　　　　　　　　　　　　　　　　_{しょう わ しんざん}　_{うんぜん ふ げんだけ}

・マグマのねばりけが弱い…火山はうすく横に広がった形をしており，溶岩の色は**黒っぽい**。**比較的おだやかな噴火**が起こりやすい。 例マウナロア，キラウエア

2 火成岩 _{か せいがん} おぼえる!

① **火成岩**…マグマが冷えて固まってできた岩石。

● **深成岩**…マグマが**地下深く**で，**ゆっくり**冷えて固まった火成岩。
　_{しんせいがん}

● **火山岩**…マグマが**地表または地表付近**で，**急に**冷えて固まった火成岩。
　_{か ざんがん}

② **火成岩のつくり**

● **等粒状組織**…深成岩に見られる，同じくらいの大きな鉱物
　_{とうりゅうじょう そ しき}
　でできているつくり。

● **斑状組織**…**火山岩**に見られる，大きな結晶である**斑晶**を，
　_{はんじょう そ しき}　　　　　　　　　　　　　　　　　　　　_{はんしょう}
　細かな結晶やガラス質からなる**石基**が囲むつくり。
　　　　　　　　　　　　　　　　_{せっき}

斑晶
等粒状組織
石基
斑状組織

③ **火成岩をつくる鉱物**…火山灰や火成岩を観察すると，形や色のちがう鉱物が見られる。無色
　　　　　　　　　　_{こうぶつ}
鉱物の割合が多い火成岩は白っぽい色，有色鉱物の割合が多い火成岩は黒っぽい色になる。

● **無色鉱物**…セキエイ・チョウ石　● **有色鉱物**…クロウンモ・カクセン石・キ石・カンラン石

テストの 要点 を書いて確認

別冊解答 P.24

□ にあてはまることばを書こう。

● 火山のようす

火山の形	⛰	⛰	⛰
マグマのねばりけ	①	←→	③
溶岩の色	② 　　っぽい	←→	④ 　　っぽい

● 火成岩のつくり

⑤ _____ 組織

⑥ _____ 組織

⑦ _____

⑧ _____

1 右の図は，地球内部のようすを模式的に表したものである。次の問いに答えなさい。

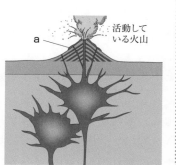
a
活動している火山

(1) 地下にある，どろどろにとけた高温の物質を何というか。（10点）
[   ]

(2) (1)が火口から流れ出したaを何というか。（10点）
[   ]

(3) 火山の噴火の際にふき出される気体をまとめて何というか。（10点）
[   ]

(4) (3)で出される気体のうち，最も多くふくまれる気体は何か。（10点）
[   ]

1 噴火は地下深くにあるマグマだまりから上昇したマグマが地表上に墳出することで起こる。このとき，出されるものを火山噴出物という。

2 火山による恵みと災害について，次の問いに答えなさい。

(1) 火山による恵みで，高温の蒸気や温泉水を利用した発電を何というか。（10点）
[   ]

(2) 火山灰などが高温のガスとともに流れる現象を，次のア～エから1つ選び，記号で答えなさい。（10点）
[   ]
ア　土砂くずれ　　　イ　土石流
ウ　火砕流　　　　　エ　津波

2 (1)地下にあるマグマのエネルギーを利用した発電。

3 右の表は，火成岩を分類したものである。次の問いに答えなさい。

A	a	c	玄武岩
B	b	閃緑岩	d
岩石の色	白っぽい	←——→	黒っぽい

(1) A，Bにあてはまる火成岩の種類の名称をそれぞれ答えなさい。
（6点×2）
A [   ]　B [   ]

(2) a～dにあてはまる火成岩の名称をそれぞれ答えなさい。（4点×4）
a [   ]　b [   ]
c [   ]　d [   ]

(3) aとbに多くふくまれている鉱物を2つ答えなさい。（6点×2）
[   ] [   ]

3 火成岩は，ふくまれる鉱物の種類によっても分けられ，深成岩・火山岩ともにそれぞれ3種類ずつに分類される。無色鉱物を多くふくむものから順に，深成岩は，花こう岩，閃緑岩，はんれい岩となり，火山岩は，流紋岩，安山岩，玄武岩となる。

1 右の図は，火山の形を3種類に分けたものである。次の問いに答えなさい。

(1) 火山付近の地下にある，高温のどろどろにとけた物質を何というか。

(4点)

(2) **A**の噴火のようすを述べたものを次のア～ウから1つ選び，記号で答えなさい。(4点)

　ア　噴火をくり返し，溶岩と火山灰が交互に重なる。

　イ　多量の火山灰を噴出し，激しく爆発することがある。

　ウ　溶岩がおだやかに流れ出し，うすく広がる。

(3) 最も激しい噴火をするものはどれか。**A ～ C**から1つ選び，記号で答えなさい。(4点)

(4) 右の図の**C**の形をした代表的な火山を次のア～エから1つ選び，記号で答えなさい。(4点)

　ア　マウナロア　　イ　昭和新山　　ウ　富士山　　エ　桜島

(5) マグマが地表上に流れ出たものが最も黒っぽい色をしている火山の形はどれか。**A ～ C**から1つ選び，記号で答えなさい。(4点)

(6) 次の文は，火山噴出物について述べたものである。それぞれ名称を書きなさい。(5点×2)

　①　水蒸気を主成分とするもの

　②　マグマが地表上に流れ出たもの

(7) 火山の形や噴火のようすのちがいはマグマの何のちがいによると考えることができるか。ひらがな4文字で答えなさい。(5点)

(1)		(2)		(3)		
(4)		(5)		(6)	①	
(6)	②	(7)				

2 右の図は，花こう岩と安山岩をルーペで観察し，スケッチしたものである。次の問いに答えなさい。

 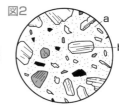

図1　　　図2

(1) 花こう岩，安山岩は，それぞれ何とよばれる火成岩に分類されるか。(5点×2)

(2) 図1，図2のような火成岩のつくりをそれぞれ何というか。(5点×2)

(3) 図2の**a・b**の部分を，それぞれ何というか。(5点×2)

文章記述 (4) 図1，図2のようなつくりの火成岩は，それぞれどのようにしてできたか。それぞれのちがいがわかるように簡単に書きなさい。(5点×2)

(5) 花こう岩と安山岩のどちらにもふくまれている鉱物を調べると，次のようなことがわかった。この鉱物の名称を答えなさい。(5点)

色を調べると，白色かうす桃色で，柱状に割れやすい。割れ口は平らであった。

(1)	花こう岩			安山岩	
(2)	図1			図2	
(3)	a			b	
(4)	図1				
	図2				
(5)					

3 右の写真は，火山灰にふくまれる鉱物を採集して，双眼実体顕微鏡で観察したものである。次の問いに答えなさい。

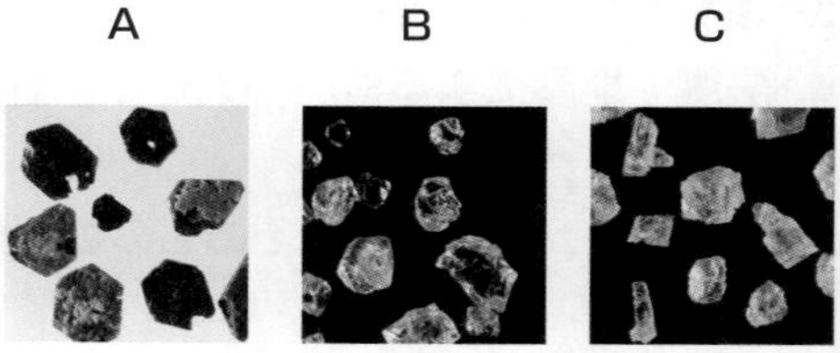

A   B   C

(1) 火山灰を観察する前にある操作をくり返し行う必要がある。その操作とは何か，次のア〜エから，1つ選び，記号で答えなさい。(5点)

　ア　加熱する。

　イ　水でおし洗いする。

　ウ　染色する。

　エ　うすい塩酸をかける。

(2) A〜Cの鉱物を色でなかま分けした。このとき，同じなかまに分類される鉱物はどれとどれか。A〜Cから記号で答えなさい。(5点)

(3) 次の文はいろいろな鉱物の特徴を示している。鉱物Aにあてはまる特徴を①〜⑤から1つ選び，記号で答えなさい。(5点)

　①　色は緑色で，短い柱状に割れやすい。

　②　色は黒色で，うすくはがれやすい。

　③　色は黄緑色で，丸みのある立方体である。

　④　色は濃い緑色で，細長い柱状に割れやすい。

　⑤　色は黒色で，不規則な形で，磁石につく。

(4) 鉱物Bの名称を答えなさい。(5点)

(1)		(2)		(3)		(4)	

2 地震の伝わり方

STEP 1 要点チェック

テスト1週間前から確認!

1 地震のゆれと震源からの距離 おぼえる!

① **ゆれの発生**

地震が起こった場所を**震源**といい，震源の真上の地表の地点を**震央**という。

② **地震のゆれ**

- **初期微動**…地震が発生したとき，はじめに起こる**小さなゆれ**。
- **P波**…初期微動を伝える波。縦波で，伝わる速さは**6〜8km/s**。
  Primary wave(最初にくる波)
- **主要動**…初期微動のあとに続いて起こる**大きなゆれ**。
- **S波**…主要動を伝える波。横波で，伝わる速さは**3〜5km/s**。
  Secondary wave(次にくる波)

③ **震度とマグニチュード**

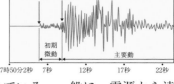
▼ 地震のゆれの記録

- **震度**…地震によるゆれの大きさ。日本では，**10段階**に分けられている。一般に，震源から遠
  └ 0,1,2,3,4,5弱,5強,6弱,6強,7
  いほど小さくなる。
  └ 地盤のやわらかさなどによって変わることがある。
- **マグニチュード**…**地震そのものの規模**。1ふえると，地震のエネルギーは約32倍，2ふえると1000倍。

④ **初期微動継続時間**…ある地点での，P波が到着してからS波が到着するまでの時間の差。一般に，**初期微動継続時間と震源からの距離は比例する**。

2 地震の原因

① **地震が起こるしくみ**…地下の岩盤に力が加わり，岩石が破壊されると**断層**ができて，ゆれが発生する。

② **地震が発生しやすい場所**

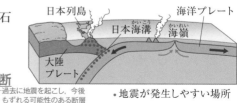
▼ プレートの動きと地震

- **内陸型地震**…大陸プレート内の浅いところにある**活断層**がずれることによって起こる。
  └ 過去に地震を起こし，今後もずれる可能性のある断層
- **海溝型地震**…海洋プレートが大陸プレートの下に沈み込んでいる。このとき生じる大陸プレートのひずみによって起こる。震源が海底のときには，**津波**が起こることがある。

テストの 要点 を書いて確認

別冊解答 P.25

□ にあてはまることばを書こう。

● 地震のゆれのまとめ

- 地震が発生した地下の場所を ① □

  その真上の地表の地点を ② □ という。

- 地震によるゆれの大きさを表すものを

  ③ □ という。

- 地震そのものの規模の大きさを表すものを

  ④ □ という。

⑤ □ ：初期微動を起こす速い波

⑥ □ ：主要動を起こす遅い波

7時50分0秒　　12秒　17秒　　22秒

1 右の図は，地震の起こった場所と観測地点との関係を示したものである。次の問いに答えなさい。

(1) Aを何というか。（10点）

[　　　　　　　　]

(2) Bを何というか。（10点）

[　　　　　　　　]

(3) 地震のゆれは，震源を中心にどのように伝わるか。（10点）　　[　　　　　　　　]

観測地点

B

A

1
地震が発生した地下の場所が震源で，その真上の地表の地点を震央という。

2 右の図は，A地点での地震のゆれを地震計で記録したものである。次の問いに答えなさい。

(1) a，bのゆれをそれぞれ何というか。（10点×2）

a [　　　　　　　]
b [　　　　　　　]

(2) aのゆれが続く時間を何というか。（10点）

[　　　　　　　　]

(3) A地点では，aのゆれが15秒続いた。また，別のB地点では，aのゆれが20秒続いた。このとき，震源に近いのはどちらか。

（10点）[　　　　　　　]

a　　　b

2
P波とS波の到着時刻の差が初期微動継続時間になる。初期微動継続時間は，一般に震源からの距離に比例する。

3 地震による災害について，次の問いに答えなさい。

(1) 地震による振動などで，山の斜面などにある土砂がくずれ落ちることを何というか。（10点）

[　　　　　　　　]

(2) 地震によって海底で起こった隆起や沈降が原因で発生する大きな波を何というか。（10点）

[　　　　　　　　]

(3) 水をふくんだ砂の地盤が，地震の振動によって急にやわらかくなる現象を何というか。（10点）

[　　　　　　　　]

3
(2)海底から海面までの水全体が大きなかたまりとなって陸におし寄せ，大きな被害をもたらす。

第4章
2
地震の伝わり方

STEP
3

得点アップ問題

テスト
3日前
から確認!

別冊解答 P.25

得点

／100点

1 下の図1は地震計のしくみを示したもので，図2は震源距離が80kmのA地点での地震計の記録である。あとの問いに答えなさい。

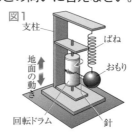

図1
支柱
ばね
おもり
地面の動き
回転ドラム
針

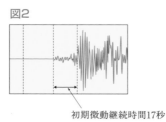

図2

初期微動継続時間17秒

（1）地震計に関する次の文の □ にあてはまることばを図1から選び，それぞれ答えなさい。

　　地震が起こると，　①　 はゆれるが，　②　 は動かないため，地震のゆれを記録することができる。(5点×2)

（2）図2から，地震を伝える波には2種類あることがわかる。最初にゆれを伝える波について，正しく述べている文を，次のア〜エから1つ選び，記号で答えなさい。(5点)

　　ア　主要動を伝える波で，P波という。
　　イ　主要動を伝える波で，S波という。
　　ウ　初期微動を伝える波で，P波という。
　　エ　初期微動を伝える波で，S波という。

 （3）図2の地震計の記録と同じA地点で，マグニチュードが同じである別の地震を観測したところ，地震のゆれが図2の地震計の記録より大きかった。この理由を簡単に答えなさい。(6点)

 （4）震度とマグニチュードのちがいについて説明しなさい。(5点)

(1)	①		②		(2)	
(3)						
(4)						

2 次の表は，ある地震における初期微動開始時刻と主要動開始時刻を，震源からの距離が異なる4地点で記録したものである。あとの問いに答えなさい。

地点	震源からの距離	初期微動開始時刻	主要動開始時刻
A	40km	8時15分27秒	8時15分32秒
B	80km	8時15分32秒	8時15分42秒
C	120km	8時15分37秒	8時15分52秒
D	160km	8時15分42秒	8時16分02秒

（1）初期微動，主要動を伝える波の速さは何km/sか。それぞれ求めなさい。(6点×2)

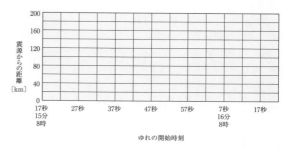

(2) 初期微動，主要動の開始時刻と，震源からの距離の関係を示すグラフを，右のグラフにそれぞれかきこみなさい。(6点)

(3) 震源からの距離が遠くなるほど，初期微動継続時間はどうなるか。(6点)

(4) この地震が発生した時刻は，何時何分何秒か。(6点)

(1)	初期微動		主要動		(2)	グラフにかく。
(3)			(4)			

3 右の図は，日本列島のある地域における地下の垂直断面を，模式的に表したものである。次の問いに答えなさい。

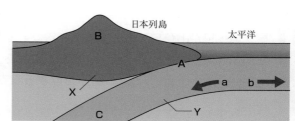

(1) 図のXとYのうち，海洋プレートはどちらか。記号で答えなさい。(5点)

(2) 図のYは，aとbのどちらの方向に進むか。記号で答えなさい。(5点)

(3) 日本列島付近で起こるマグニチュードの大きな地震は，図のA ~ Cのどこに震源があることが多いか。記号で答えなさい。(6点)

(4) 次の文は地震の起こるしくみについて説明したものである。①～④に「大陸」「海洋」のいずれかのことばを入れて，文を完成させなさい。(3点×4)

　　[　①　]プレートが[　②　]プレートの下に沈み込み，[　③　]プレートが引きずり込まれる。[　④　]プレートがひずみに耐えきれなくなって反発するときに地震が起こる。

(5) 日本付近では，海溝はどのように分布しているか。次のア～カから最も近いものを1つ選び，記号で答えなさい。(6点)

ア	イ	ウ	エ	オ	カ

(6) 日本付近で地震が多い理由を簡単に書きなさい。(10点)

(1)		(2)		(3)		(4)	①	
②		③		④		(5)		
(6)								

3 大地の変化(1)

STEP 1 要点チェック

テスト
1週間前
から確認!

1 風化と流水のはたらき

① **風化**…岩石が**気温の変化や風雨のはたらきによってぼろぼろにくずれる現象**。

② **流水のはたらき**

● **侵食**…岩石の表面を**けずるはたらき**。　● **運搬**…けずりとった土砂を**運ぶはたらき**。

● **堆積**…運んできた土砂を**積もらせるはたらき**。

③ **流水がつくる地形**

● **扇状地**…川が**山から平地に出るところ**で，土砂が**堆積してできる**扇形の地形。

● **三角州**…**河口付近**で，土砂が**堆積してできる**三角形の地形。

● **V字谷**…川の**上流**で，流水によって**けずられてできる**深い谷。

2 地層

● **地層**…流水が運んできた土砂や火山灰などが堆積し，層状に重なったもの。地層が観察できるがけなどを**露頭**という。

・運ばれてきたれきや砂は，**粒の大きいものから順に堆積する**。

・連続して堆積した場合，<u>**下の層は上の層より古い**</u>。
└堆積物は下から上へ順に積み重なる。

▼ 地層のでき方

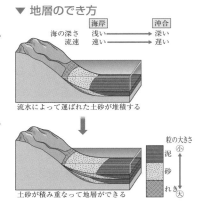

	海岸		沖合
海の深さ	浅い	→	深い
流速	速い	→	遅い

流水によって運ばれた土砂が堆積する

粒の大きさ
小
泥
砂
れき
大

土砂が積み重なって地層ができる

3 化石 おぼえる!

① **化石**…地層の中に見られる，地層ができた当時の生物の死がいや生活のあと。

② **示相化石**…地層が**堆積した当時の環境**を知る手がかりとなる化石。限られた環境で生存する生物の化石。　例 **サンゴ**→あたたかくて浅い海　**シジミ**→河口や湖　**ブナ**→やや寒い地域

③ **示準化石**…地層が**堆積した時代**を知る手がかりとなる化石。広い地域にすみ，限られた期間だけに生存した生物の化石。地層が堆積した年代は，**地質年代**で区分される。
例 **サンヨウチュウ・フズリナ**→**古生代**　**アンモナイト**→**中生代**　**ビカリア**→**新生代**

テストの 要点 を書いて確認

別冊解答 P.26

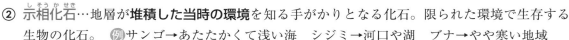

□ にあてはまることばを書こう。

● 化石のまとめ

・地層が堆積した当時の環境を知る手がかりとなる化石を ① □ という。

・地層が堆積した時代を知る手がかりとなる化石を ⑤ □ という。

② □　③ □　④ □

あたたかくて
浅い海　浅い海　湖，河口

古生代	→	中生代	→	⑥ □
⑦ □		⑧ □		ナウマンゾウ (歯)

STEP 2 基本問題

1 川が運んできた土砂などが堆積し，層状に重なったものを地層という。次の問いに答えなさい。

(1) 岩石が，温度の変化や水のはたらきなどによって表面からぼろぼろにくずれていくことを，何というか。(10点)
[　　　　　　]

(2) 流れる水によって岩石の表面がけずりとられるはたらきを，何というか。また，そのはたらきがおもに起こるのは，右の図ではどこか。**A～C**から選び，記号で答えなさい。(10点×2)

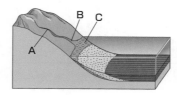

はたらき [　　　　] 　記号 [　　　　]

(3) 地層が地表面に現れているがけなどを何というか。(10点)
[　　　　　　]

(4) 次のア～ウから正しいものを1つ選び，記号で答えなさい。(20点)
[　　　　　　]

ア 流水によって運ばれた土砂は，粒の大きいものから堆積する。
イ 地層の下にある層ほど新しく，上の層ほど古いことが多い。
ウ 地層をつくる層の厚さはほぼ等しい。

2 右の図は，ある地層のようすをスケッチしたものである。次の問いに答えなさい。ただし，地層の逆転はなかったものとする。

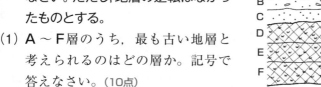

サンゴの化石がふくまれている層

(1) **A～F**層のうち，最も古い地層と考えられるのはどの層か。記号で答えなさい。(10点)
[　　　　　　]

(2) **B**層のサンゴの化石は，地層が堆積した当時の環境を知る手がかりとなる化石である。**B**層が堆積した当時，この地域はどのような環境であったか。次のア～エから1つ選び，記号で答えなさい。(10点)
[　　　　　　]

ア 冷たくて浅い海　　　イ 冷たくて深い海
ウ あたたかくて浅い海　エ あたたかくて深い海

(3) 別の地層から，フズリナの化石が見つかり，この地層は古生代に堆積したことがわかった。フズリナのように地層が堆積した時代を知ることができる化石を何というか。(20点)
[　　　　　　]

---

1 流水には，岩石の表面をけずりとるはたらき・けずりとった土砂を運ぶはたらき・運んだ土砂を積もらせるはたらきがある。

2 地層の堆積した環境を知る手がかりとなる化石が示相化石であり，地層の堆積した時代を知る手がかりとなる化石が示準化石である。

STEP

3

得点アップ問題

テスト
3日前
から確認!

別冊解答 P.27

得点

／100点

1 右の図は，流れる水によって運ばれた土砂が海底に堆積するようすを模式的に示したものである。次の問いに答えなさい。

(1) 図の**A** ～ **C**で堆積物を採集した。それぞれ採集されたものは何か。次のア～ウから１つ選び，記号で答えなさい。(3点×3)
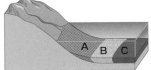
　ア　泥　　イ　細かい砂　　ウ　れきやあらい砂

(2) (1)のように考えた理由を説明した次の文の　　　にあてはまることばは何か。あとのア・イからそれぞれ選び，記号で答えなさい。(3点×2)

粒が大きいものほど ① 沈み，粒が小さいものほど ② 沈むから。

　ア　近くに　　　　　　イ　遠くに

(1)	A		B		C	
(2)	①		②			

2 右の図は，川の流れを模式的に示したものである。次の問いに答えなさい。

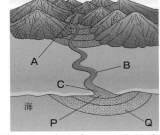

(1) 地表の岩石の表面がもろくなってぼろぼろにくずれる現象を何というか。(4点)

(2) (1)のおもな原因は何か。次のア～エからすべて選び，記号で答えなさい。(4点)
　ア　雨水　　イ　地震　　ウ　火山の噴火　　エ　気温の変化

(3) 流水には，侵食・運搬・堆積の３つのはたらきがある。図の**A** ～ **C**のあたりではそれぞれこの３つのはたらきのうち，おもにどのはたらきが見られるか。**A**は２つ，**B**，**C**は１つずつ答えなさい。(4点×3)

(4) 流水によって運ばれて海底に堆積する土砂のうち，粒の小さい砂や泥は図の中の**P**，**Q**のどちらに堆積するか。(4点)

(5) 流水のはたらきによってできる地形で，①川の上流から運ばれてきた土砂が山のすそ野から堆積して広がった地形，②河口付近で川の中に土砂が堆積して陸になった地形の名称をそれぞれ答えなさい。(4点×2)

(6) **A**では川の流れが速く(3)の作用が大きいので深い谷をつくる。この谷を何というか。(4点)

(1)		(2)		(3)	A	
B		C		(4)		
(5)	①		②		(6)	

3 右の図は，あるがけの露頭に見られる地層をスケッチしたものである。Aは砂の層，Dは火山灰の層からできている。また，B，C，Eの層は，それぞれ，れきまたは泥の層のいずれかでできている。次の問いに答えなさい。ただし，地層の逆転はなかったものとする。

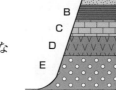

(1) 土砂が堆積するときのようすとして正しいものを，次のア〜エからすべて選び，記号で答えなさい。(4点)

　ア　粒の小さいものほど沈むのがはやい。

　イ　粒の小さいものほど沖合に堆積する。

　ウ　堆積する粒は粉々になり，角ばっている。

　エ　海面の位置が下がると，堆積する粒の大きさが大きくなる。

(2) Dの層とEの層のうち，先に堆積したものはどちらか。(4点)

(3) Dの層が堆積したころ，起こったできごとは何か。(4点)

(4) 土砂が海底などに堆積してできた地層を陸上で見ることができるのはなぜか。簡単に書きなさい。(4点)

(1)		(2)		(3)	
(4)					

4 右の図や写真を見て，次の問いに答えなさい。

(1) A〜Eの生物の名称を，次のア〜オからそれぞれ選び，記号で答えなさい。　(2点×5)

　ア　ビカリア　　イ　ティラノサウルス

　ウ　サンヨウチュウ　　エ　ナウマンゾウ

　オ　アンモナイト

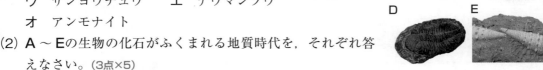

(2) A〜Eの生物の化石がふくまれる地質時代を，それぞれ答えなさい。(3点×5)

(3) 示相化石や示準化石として役立つのはどのような生物の化石か。次のア〜エからそれぞれ選び，記号で答えなさい。(4点×2)

　ア　限られた環境にだけ生活することができる生物

　イ　どんな環境でも生活することができる生物

　ウ　広い範囲にすんでいて，限られた期間だけに生存した生物

　エ　せまい範囲にすんでいて，長い期間生存した生物

(1)	A		B		C		D		E	
(2)	A			B			C			
	D			E						
(3)	示相化石				示準化石					

4 大地の変化(2)

STEP 1 要点チェック

テスト
1週間前
から確認！

1 堆積岩 おぼえる！

① 堆積岩…堆積物が長い年月をかけておし固められてできた岩石。

② 堆積岩の種類

- れき岩・砂岩・泥岩…流水で運ばれてきた粒などが堆積し，おし固められた岩石。粒の形は丸みを帯びている。

  粒の大きさ：れき岩…直径2mm以上　砂岩…直径$\frac{1}{16}$〜2mm　泥岩…直径$\frac{1}{16}$mm以下

> **ポイント**
> れき岩，砂岩，泥岩は堆積物の
> 粒の大きさで区別する。

- 石灰岩…生物の死がいや水にとけていた物質でできている。うすい塩酸をかけると，とけて二酸化炭素が発生する。
- チャート…生物の死がいや水にとけていた物質でできている。非常にかたい。うすい塩酸をかけても，二酸化炭素が発生しない。
- 凝灰岩…火山灰などの火山噴出物でできている。角ばっている粒が多い。

2 大地の変動

① 地層からわかる大地の変動

- しゅう曲…地層をおし縮めるような大きな力がはたらき，地層が波打つように曲がったもの。

② 地形からわかる大地の変動

- 海岸段丘（河岸段丘）…土地の隆起や海水面の低下によってできる階段状の地形。海岸に見られるのが海岸段丘，川岸に見られるのが河岸段丘。
- 断層…地層に大きな力がはたらいてできたずれ。

▼ 逆断層 ▼ 正断層 ▼ 横ずれ断層

3 地層の対比

- 柱状図…地層の重なり方を柱状に表したもの。
- かぎ層…火山灰の層など，離れた場所にある地層が同じものであると判断できる地層。

テストの 要点 を書いて確認

別冊解答 P.28

□ にあてはまることばを書こう。

● 堆積岩のまとめ

岩石名	特徴		堆積物
①	粒が ⑤ ［　　　　　　］ を帯びている。	粒が大きい。↑↓ 粒が小さい。	岩石や鉱物の破片
砂岩			
②			
③	うすい塩酸をかけると ⑥ ［　　　　　　］ の泡が発生する。		生物の死がいや水にとけていた物質
④	うすい塩酸をかけても反応しない。		
凝灰岩	⑦ ［　　　　　　］ があったことがわかる。		火山噴出物

1 採集した岩石を，次のような方法で分類した。あとの問いに答えなさい。

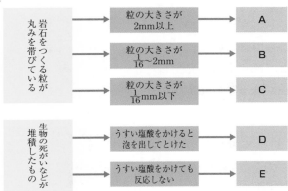

岩石をつくる粒が丸みを帯びている
→ 粒の大きさが 2mm以上 → A
→ 粒の大きさが $\frac{1}{16}$〜2mm → B
→ 粒の大きさが $\frac{1}{16}$mm以下 → C

生物の死がいなどが堆積したもの
→ うすい塩酸をかけると泡を出してとけた → D
→ うすい塩酸をかけても反応しない → E

(1) A 〜 Eの岩石をまとめて何というか。(5点)

[　　　]

(2) A 〜 Eの岩石の名称をそれぞれ答えなさい。(5点×5)

A [　　　] 　 B [　　　]
C [　　　] 　 D [　　　]
E [　　　]

(3) Dの岩石にうすい塩酸を加えたときに，発生する気体の名称を答えなさい。(10点)

[　　　]

(4) D，Eのうち，非常にかたく，ハンマーでたたくと火花が出るのはどちらか。(10点)

[　　　]

(5) A 〜 Eの岩石以外の岩石で，火山灰などがおし固められてできた岩石の名称を答えなさい。(10点)

[　　　]

2 右の図は，あるがけに見られる地層を表したものである。次の問いに答えなさい。ただし，地層の逆転はなかったものとする。

(1) 右の図のように，地層の重なり方を柱状の図にしたものを何というか。(10点) [　　　]

(2) a 〜 eのうち，いちばん古い層はどれか。記号で答えなさい。(10点)

[　　　]

(3) 特徴的な化石がふくまれているなど，地層どうしを比較するときに役に立つ層を何というか。(10点)

[　　　]

(4) この地域の地層の重なり方から，海水面が上昇したと考えられるか，下降したと考えられるか。(10点)

[　　　]

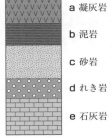

a 凝灰岩
b 泥岩
c 砂岩
d れき岩
e 石灰岩

1
(5)火山灰が降り積もって固まっているので，角ばっている粒が多い。

2
(4)れきは，粒が大きいので浅いところで堆積し，泥は，粒が小さいので深いところで堆積したことがわかる。また，地層は下の地層ほど古い。

得点アップ問題

1 下の文は，堆積岩（凝灰岩・れき岩・砂岩・チャート・石灰岩）を観察し，記録した内容である。あとの問いに答えなさい。

> **A** 直径1mmほどの粒からできていた。
> **B** 直径2mm以上の粒からできていた。
> **C** うすい塩酸をかけると二酸化炭素が発生した。
> **D** ルーペで観察しても粒がはっきり見えなかった。
> **E** 軽石のかけらが混ざっていた。

(1) A～Eの岩石の名称を答えなさい。(3点×5)

 (2) AとBの粒は角が丸みを帯びていた。それはなぜか答えなさい。(6点)

(3) 上の岩石の中で，ハンマーで表面をたたくと火花が出るようなかたい岩石はどれか。A～Eから1つ選び，記号で答えなさい。(5点)

(4) A～Eのうち，火山噴出物でできているものはどれか。A～Eから1つ選び，記号で答えなさい。(5点)

(1)	A		B		C	
	D		E			
(2)						
(3)		(4)				

2 右の図は，地球の表面のプレートのようすを表したものである。次の問い答えなさい。

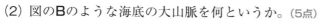

(1) 図のAのように海洋プレートが沈み込むところを何というか。(5点)

(2) 図のBのような海底の大山脈を何というか。(5点)

(3) 海洋プレートの動く向きはどちらか。図のアまたはイの記号で答えなさい。(5点)

(4) 海洋プレートが沈み込むところでは，火山活動のもとになる何がつくられるか。(5点)

(1)		(2)		(3)		(4)	

3 右の図は，あるがけで観察された地層を模式的に表したものである。次の問いに答えなさい。

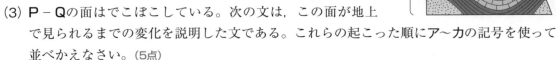

石灰岩の層

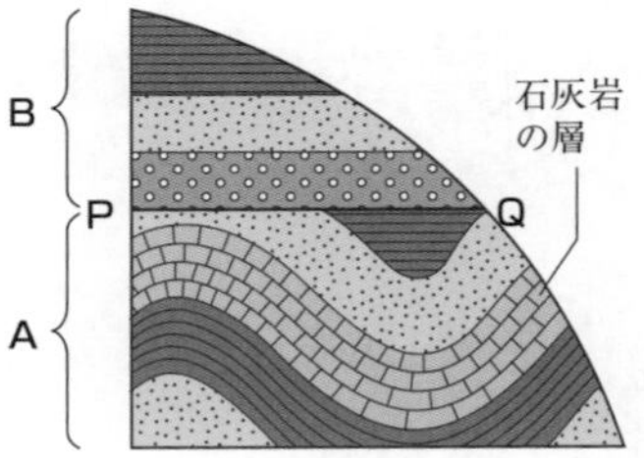

(1) **A**層に見られる波打ったような地形を何というか。(5点)

(2) **A**層の石灰岩の層にはフズリナの化石がふくまれていた。この石灰岩の層が堆積した地質年代を答えなさい。(5点)

(3) **P－Q**の面はでこぼこしている。次の文は，この面が地上で見られるまでの変化を説明した文である。これらの起こった順に**ア〜カ**の記号を使って並べかえなさい。(5点)

　ア **A**層の表面が温度変化や化学変化などによって風化されたり，流水に侵食されたりした。
　イ **A**層が海底に堆積した。
　ウ 再び土地が隆起して陸地になった。
　エ **A**層がしゅう曲して隆起し，陸地になった。
　オ **B**層が堆積した。
　カ 土地が沈降して再び海底になった。

第4章 ④ 大地の変化(2)

(1)		(2)		(3)	→	→	→	→	→

4 右の図1は，地表の高さが等しい**A〜D**の4地点の露頭の地層の重なりを模式的に示したものである。次の問いに答えなさい。

図1

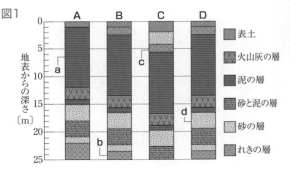

表土
火山灰の層
泥の層
砂と泥の層
砂の層
れきの層

(1) 右の図のように，地層の重なり方を柱状の図に表したものを何というか。(5点)

(2) この地層が堆積していた間に，少なくとも何回火山の噴火が近くであったと考えられるか。(5点)

(3) 右の図の火山灰の層に見られる，火山灰がおし固められてできた岩石を何というか。(6点)

(4) れき岩・砂岩・泥岩は，どのような特徴によって分類されるか。(6点)

(5) 図1の**a〜d**を，堆積した時代の古い順に並べかえなさい。(6点)

(6) 調査地点**A〜D**の位置関係は，図2のようになっていた。この地域の地層は，どの方角に低くなるように傾いていると考えられるか。次の**ア〜エ**から１つ選び，記号で答えなさい。(6点)

図2

0　100m

　ア 東　**イ** 西　**ウ** 南　**エ** 北

(1)		(2)	
(3)		(4)	
(5)	→ → →		(6)

定期テスト予想問題

別冊解答 P.29

目標時間 **45**分

得点 ／100点

1 火山からふき出した火山灰の観察を行った。これについて，あとの問いに答えなさい。

【観察】

異なる２つの火山からふき出された火山灰**A**と火山灰**B**を採取した。双眼実体顕微鏡でそれぞれの火山灰を観察したところ，右の図のように，火山灰**A**には白っぽい鉱物が多くふくまれ，火山灰**B**には黒っぽい鉱物が多くふくまれていた。

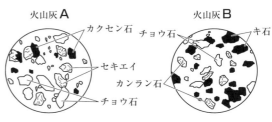

(1) 火山灰**A**をふき出した火山の形は右の図の**a**・**b**のどちらに似ているか。また，この火山の噴火のようすとして適切なものを，次のア・イから１つ選び，記号で答えなさい。(6点×2)

ア 激しく爆発的な噴火をする。

イ マグマが流れ出すように噴火する。

(2) 次の文は，火山灰にふくまれる鉱物の特徴を述べたものである。チョウ石はどれか。ア〜エから１つ選び，記号で答えなさい。(8点)

ア 無色透明である。　　　　　　イ 黒色でうすい板状である。

ウ 白色で平らな面がある。　　　エ 黒っぽい色で細長い柱状である。

(1)	火山の形		噴火のようす		(2)	

2 下の図のA〜Cは，花こう岩・はんれい岩・安山岩をルーペで観察したときのスケッチである。あとの問いに答えなさい。

A

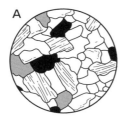

B

C

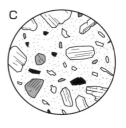

(1) 花こう岩をスケッチしたものは**A**〜**C**のどれか。１つ選び，記号で答えなさい。(8点)

文章記述 (2) (1)で答えた理由を，簡単に説明しなさい。(8点)

(1)	
(2)	

❸ 図1は，ある地震のある場所での地震計の記録である。図2は，震源からの距離とP波，S波が届くまでの時間との関係をグラフに表したものである。次の問いに答えなさい。

(1) 図1のab間の小さなゆれを何というか。(8点)

(2) 図2からP波の速さは何km/sか。(8点)

(3) 図1の地点では，ab間のゆれが15秒間続いた。図1の地点は震源から何km離れているか。(8点)

図1

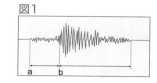

(4) 次のア～エは，地震について述べたものである。あやまっているものを1つ選び，記号で答えなさい。(8点)

ア 大規模な地震が発生すると，断層ができたり，土地が隆起・沈降することがある。

イ 日本付近の地震の震源は，太平洋側が深く，日本海側が浅い場合が多い。

ウ 世界の地震の震央の分布と火山の分布はほぼ一致する。

エ 海底で地震が起こると，津波が発生する場合がある。

図2

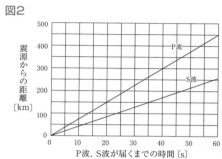

(1)		(2)		(3)		(4)	

❹ 図1は，ボーリング調査が行われたA，B，Cの3地点とその標高を示す地図であり，図2は，各地点の柱状図である。なお，この地域では凝灰岩の層は1つしかない。また，地層には上下逆転や断層は見られず，各層は平行に重なり，ある一定の方向に傾いている。　　(栃木県)

図1

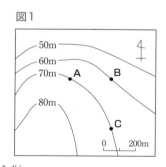

図2

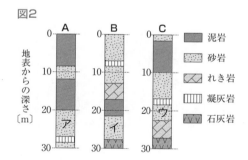

泥岩
砂岩
れき岩
凝灰岩
石灰岩

(1) 泥岩，砂岩，れき岩，凝灰岩のうち，かつてこの地域の近くで火山の噴火があったことを示しているのはどれか。(8点)

(2) B地点の石灰岩の層からサンゴの化石が見つかった。この層が堆積した当時，この地域はどのような環境であったか。(8点)

(3) 図2のア，イ，ウの層を，堆積した時代が古い順に並べなさい。(8点)

(4) この地域の地層が傾いて低くなっている方角はどれか。ア～エから1つ選び，記号で答えなさい。(8点)

ア 東　　イ 西　　ウ 南　　エ 北

(1)		(2)	
(3)	→ →	(4)	

第1章 | いろいろな生物とその共通点

身近な生物の観察

P.1 要点チェック

テストの**要点**を書いて確認　　　　本冊 P.6

①接眼レンズ　②調節ねじ　③クリップ
④対物レンズ　⑤接眼　⑥対物
⑦せまく　⑧暗く　⑨遠ざける

P.2 基本問題　　　　本冊 P.7

1
(1) 直射日光
(2) 明るさは暗く，見える範囲はせまくなる。
(3) ア　接眼　　イ　対物　　ウ　反射鏡
　　エ　近く　　オ　反対（逆）

2 イ

3
(1) 動物の性質をもつもの…イ，エ，オ
　　植物の性質をもつもの…ア，ウ
(2) ア　アオミドロ　　イ　アメーバ

解説

1
(1) 顕微鏡は，**直射日光が当たらず，机などの水平で安定した場所に置く。**
(2) 高倍率のレンズにかえると，入る光の量が少なくなるので，**明るさは暗く，見える範囲はせまくなる。**

> **ミス注意！**
> (3) 顕微鏡のレンズをとりつけるときは，鏡筒の中に**ほこりやごみなどが入らないように，接眼レンズ，対物レンズの順に**とりつける。

2
> **ミス注意！**
> ルーペを使うときは，できるだけ**目に近づけて持ち，観察するものが動かせるときは観察するものを前後に動かしながらよく見える位置を探す。**

3
(1) 動物の性質をもつもの…**動き回る。**
植物の性質をもつもの…**緑色，黄褐色で動かない。**
ミドリムシは動物の性質と植物の性質の両方をもつ。
(2) その他の生物の名称は，次のとおりである。
ウ　イカダモ　　エ　ミジンコ　　オ　ゾウリムシ

P.3 得点アップ問題　　　　本冊 P.8

1
(1) ③
(2) クマ，リス
(3) イカ，クジラ

2
(1) ①鏡筒　②粗動ねじ　③両　④右
(2) 視度調節リングを左右に回して，ピントを合わせる。
(3) 立体的に見える。

3
(1) ①記号…d，名称…ステージ
　　②記号…f，名称…調節ねじ
(2) 鏡筒の中にごみやほこりが入らないようにするため。
(3) プレパラートと対物レンズがぶつからないようにするため。
(4) 記号…b，名称…レボルバー
(5) 記号…イとエ　倍率…600倍
(6) イ

解説

1
(1) シイタケは陸上で生活し，移動しない。
(2) 陸上で生活していて移動する生物は，クマ，ツバメ，チョウ，リスで，その中でおもに走って移動するものは，クマとリスである。
(3) 水中で生活している生物は，イカ，コンブ，ワカメ，クジラで，その中で移動するものは，イカ，クジラである。

2
(3) 双眼実体顕微鏡は，両目で観察するためにものを立体的に観察することができる。

3
(1) 各部の名称は次のとおり。
a 接眼レンズ　　b レボルバー　　c 対物レンズ
d ステージ　　e 反射鏡　　f 調節ねじ
(2) 顕微鏡のレンズをとりつけるときは，鏡筒の中に**ほこりやごみなどが入らないように，接眼レンズ，対物レンズの順に**とりつける。
(3) 近づけながらピントを合わせると，**プレパラートと対物レンズがぶつかり，プレパラートが割れたり，レンズに傷がついたりするおそれがある。**
(4) 高倍率にするときは，レボルバーを回して，高倍率の対物レンズにする。

> **ミス注意！**
> (5) ア・イは対物レンズ，ウ・エは接眼レンズで，**対物レンズは高倍率のものほど長く，接眼レンズは高倍率のものほど短い。接眼レンズの倍率と対物レンズの倍率をかけた値が顕微鏡の倍率になる。**
> 接眼レンズの倍率15倍×対物レンズの倍率40倍
> ＝**600倍**

2 花のつくり

STEP 1 要点チェック

テストの **要点** を書いて確認 　　　　　本冊 P.10

①やく　　②柱頭　　③胚珠　　④子房

⑤やく　　⑥柱頭　　⑦受粉　　⑧胚珠　　⑨子房

STEP 2 基本問題 　　　　　本冊 P.11

1 (1) a …めしべ　　b …おしべ　　c …花弁

　　　d …子房　　e …胚珠

　　　f …やく　　g …がく

　(2) f　　(3) 柱頭

　(4) 果実　　(5) e

2 (1) A　　(2) 離弁花

　(3) 合弁花　　(4) ウ

解説

1 (2) 花粉は**おしべの先端部分のやくの中に入ってい
る。**
(3) 花粉がめしべの先の**柱頭**につくことを受粉とい
う。
(4) (5) 受粉後，子房は**果実**に，胚珠は**種子**になる。
2 (1) エンドウの花弁は1枚1枚離れている。
(2) (3) 花弁が1枚1枚離れている花を**離弁花**，花弁
が1つにくっついている花を**合弁花**という。
(4) サクラは離弁花で，アサガオとタンポポは合弁花
である。

STEP 3 得点アップ問題 　　　　　本冊 P.12

1 (1) エンドウ

　(2) A…おしべ　B…めしべ　C…がく　D…花弁

　(3) C→D→A→B

　(4) やく　　(5) 離弁花　　(6) イ，ウ

2 (1) b …やく　　c …子房

　(2) 受粉

　(3) c

　(4) 被子植物

　(5) 胚珠が子房の中にある。

3 (1) 離弁花

　(2) 1枚1枚離れている。

　(3) たがいにくっついている。

　(4) ア，イ

4 (1) d …花弁　　f …がく

　(2) おしべ…6本　　めしべ…1本

　(3) イ　　(4) a　　(5) イ

解説

1 ミス注意！
(3) 外側から，**がく→花弁→おしべ→めしべ**の順
に位置している。
(4) 花粉はおしべの先端部分のやくの中に入ってい
る。
(5) 花弁が1枚1枚離れているものを**離弁花**，花弁が
たがいにくっついているものを**合弁花**という。
2 (1) aは柱頭，dは胚珠である。
(3) 果実になるのは子房なのでcが正解。dの**胚珠は成
長すると種子になる。**
ミス注意！
(4) (5) 胚珠が子房の中にある植物は**被子植物**であ
る。
3 (1) サクラは**離弁花**，ツツジは**合弁花**である。
(4) タンポポとアサガオの花弁はたがいにくっついて
おり，エンドウとアブラナの花弁は1枚1枚離れてい
る。
4 (1) aはめしべの柱頭，bはおしべのやく，cは胚珠，
dは花弁，eは子房，fはがくである。
(3) 花粉は，おしべの先端にある小さな袋の**やく**の中
に入っている。
(4) 花粉がめしべの**柱頭**につくことを**受粉**という。柱
頭はめしべの先端部分である。
ミス注意！
(5) 被子植物は，胚珠が子房の中にある。受粉す
ると，**胚珠はやがて種子**になり，**子房はやがて果
実**になる。

3 裸子植物と被子植物

STEP 1 要点チェック

テストの **要点** を書いて確認 　　　　　本冊 P

①雌花　　②胚珠　　③花粉のう　　④雄花

⑤雌花　　⑥胚珠　　⑦雌花

STEP 2 基本問題 　　　　　本冊

1 (1) A　　(2) a　　(3) ウ

2 (1) 子房

　(2) 裸子植物

3 (1) a …主根　　b …側根

　(2) ひげ根

　(3) 根毛

　(4) C…平行脈　　D…網状脈

　(5) 根のつくり…A　　葉脈…D

1 (1)マツの雌花はマツの枝の先端部分にある。

(2)雌花のりん片についている**胚珠が成長すると種子になる**。

(3)マツのような，子房がなく胚珠がむき出しになっている植物を裸子植物という。裸子植物にはマツのほかにソテツやイチョウなどがある。

2 (1)アブラナは被子植物で，**胚珠が子房の中にある**。

(2)マツのように，子房がなく，胚珠がむき出しになっている植物を裸子植物という。

3 (1)**双子葉類**の根は，太い根である**主根(a)**とそこから枝分かれした細い根である**側根(b)**からなっている。

(2)**単子葉類**の根は，たくさんの細い根が広がる**ひげ根**である。

(3)根の先端には毛のような**根毛**がある。

(4)Cは**平行脈**で，単子葉類はこのような葉脈である。Dは**網状脈**で，双子葉類はこのような葉脈である。

(5)ホウセンカは双子葉類である。

P 3　得点アップ問題
本冊 P.16

1 (1) 胚珠　　(2) 雌花　　(3) b

(4) 風　　(5) ウ　　(6) ア，ウ

2 (1) 単子葉類　　(2) 葉脈　　(3) A

(4) 網目状に広がっている。（網状脈になっている。）

(5) イ，エ

3 (1) 種子植物　　(2) ウ　　(3) 裸子植物

(4) イチョウ…B　　イネ…A　　ヒマワリ…A

4 (1) A　　(2) a

(3) ①ひげ根　　②主根　　③側根

(4) 根毛

5 (1) 子房の中にある。　　(2) 被子植物

1 (1)aは胚珠，bは花粉のうである。

(2)まつかさは，**2年前の雌花**である。

(3)マツの花粉は，雄花のりん片についている花粉のうの中にある。

ミス注意！
(4)目立つ色をした花をさかせる被子植物の花粉は，おもに**昆虫や鳥**によって運ばれ，目立つ色をした花をさかせない被子植物や裸子植物の花粉は，おもに**風**によって運ばれる。

(5)**ア**はマツの種子，**イ**はタンポポの種子を表しており，イネの花粉は**エ**のような形をしている。

(6)マツには子房がないので，果実ができない。マツの花には，花弁やがくはない。

2 (1)被子植物のうち，子葉が1枚である植物のなかまを**単子葉類**という。

(2)(3)図の葉脈は**平行**に通っている平行脈なので，

単子葉類の葉である。

(5)ツユクサとトウモロコシは単子葉類に分類される。サクラとエンドウは双子葉類に分類される。

3 (1)Aのグループも Bのグループも，種子をつくってなかまをふやす**種子植物**である。

(2)Aのグループは被子植物のなかまで，**胚珠が子房の中にある**。

(3)Bのグループは裸子植物のなかまで，子房がなく，**胚珠がむき出しである**。

(4)イチョウは裸子植物，イネとヒマワリは被子植物である。

4 (1)ホウセンカは双子葉類なので，葉脈は**網状脈**である。

(2)ツユクサは単子葉類なので，根は**ひげ根**である。

(4)植物の根の先端付近に生えている，細かい毛のようなものを**根毛**という。

4　植物の分類

STEP 1　要点チェック
テストの 要点 を書いて確認
本冊 P.18

①被子植物　　②単子葉類　　③離弁花類

④胞子　　⑤ある　　⑥胞子　　⑦ない

STEP 2　基本問題
本冊 P.19

1 (1) 裸子植物　　(2) 双子葉類　　(3) ウ

2 (1) c　　(2) エ

3 (1) A　　(2) 胞子

1 (1)種子植物のうち，胚珠がむき出しである植物は**裸子植物**である。

(2)**被子植物**は，子葉が2枚の**双子葉類(B)**と子葉が1枚の**単子葉類(C)**に分けられる。

(3)ユリは単子葉類，タンポポとエンドウは双子葉類に分類される。

2 ミス注意！
(1)イヌワラビの茎は土の中にある。

(2)**ア** シダ植物は花をさかせないのであやまり。
イ シダ植物は種子をつくらないのであやまり。
ウ イヌワラビは雄株と雌株に分かれていないのであやまり。

3 ミス注意！
(1)スギゴケの**雌株には胞子のうがあるが，雄株にはない**。

ミス注意！
(2)コケ植物は種子ではなく胞子でなかまをふやす。

1 (1) C…ウ　D…イ　G…カ

(2) B…被子植物　　F…合弁花類

(3) ツツジ…F　　チューリップ…E

2 (1) A…ア　　B…イ　　C…カ　　D…オ

　　E…ク　　F…キ　　G…エ　　H…ウ

(2) 葉，茎，根の区別があるかないか。

(3) 裸子植物

(4) 合弁花類

3 (1) エ

(2) A…胞子　　B…胞子のう

(3) シダ植物

(4) さかない。

4 (1) コケ植物

(2) 雄株

(3) 胞子

(4) ①なく　　②仮根

(5) イ

解説

1 (1) Cは**裸子植物**のなかまなので，胚珠がむき出しである。Dは**双子葉類**のなかまなので，子葉が2枚である。Gは**離弁花類**のなかまなので，花弁が1枚1枚離れている。

ミス注意！

(2) Bはマツやソテツがふくまれないので，**被子植物**である。アサガオとタンポポは，花弁がたがいにくっついている合弁花類である。

(3) ツツジは双子葉類のうちの合弁花類，チューリップは単子葉類に分類される。

2 (1) AとBは植物のなかまのふえ方での分類。**植物には種子でふえるものと胞子でふえるものの2種類がある。**イヌワラビやスギゴケは胞子でなかまをふやす。よってBは**イ**。それ以外の植物は種子でなかまをふやす。よってAは**ア**。CとDは花のつくりでの分類。スギやイチョウは子房がなく，**胚珠がむき出しになっている裸子植物**である。よってDは**オ**。それ以外の植物は胚珠が子房の中にある被子植物である。よってCは**カ**。EとFは根のようすでの分類。**ツユクサやユリなどの根はひげ根である。**よってFは**キ**。それ以外の植物の根は主根と側根からなる。よってEは**ク**。GとHは花弁のようすでの分類。**タンポポやツツジは花弁がたがいにくっついている合弁花類。**よってHは**ウ**。エンドウやナズナは花弁が1枚1枚離れている離弁花類。よってGは**エ**。

ミス注意！

(2) イヌワラビなどのシダ植物には**葉，茎，根の区別がある**が，スギゴケなどのコケ植物にはその**区別はない**。

(3) スギやイチョウには子房はなく，胚珠がむき出し

になっているので，**裸子植物**である。

(4) タンポポやツツジは花弁がたがいにくっついている**合弁花類**である。

3 (1) イヌワラビでは，図の**ア**と**イ**の部分が葉，**ウ**が茎（地下茎）である。

(2) Bの胞子のうは一般にシダ植物の葉の裏側についている。胞子のうの中に胞子が入っている。

(3) その他，シダ植物のなかまには，ヒカゲヘゴ，ノキシノブ，スギナなどがある。

(4) シダ植物は種子ではなく**胞子**でなかまをふやすので，花はさかない。

4 (1) ゼニゴケやスギゴケのような植物をコケ植物という。**コケ植物には葉，茎，根の区別はない。**

(3) ゼニゴケやスギゴケは，**雌株の胞子のうの中にある胞子によってなかまをふやす。**

(4) コケ植物の根のように見えるものは仮根とよばれ，からだを土や岩に固定させるように変形したからだの一部である。

5 動物の分類

テストの 要点 を書いて確認　　本冊 P.

①卵生　　②胎生　　③横　　④前

⑤外骨格　　⑥外とう膜

1 (1) ア，イ，ウ，オ　　(2) ア，ウ

2 (1) 鳥類　　(2) イ　　(3) えら

3 (1) 無セキツイ動物

(2) イ，ウ，オ，ク

(3) 節足動物

(4) イ，オ　　(5) ア，カ

解説

1 マグロ（**ア**）は魚類，ニワトリ（**イ**）は鳥類，サンショウウオ（**ウ**）は両生類，クジラ（**エ**）はホニュウ類，ヤモリ（**オ**）はハチュウ類である。

ミス注意！

クジラやイルカは水中で生活し，手やあしがないがホニュウ類のなかまである。

(1) **魚類，両生類，ハチュウ類，鳥類**はうんだ卵から子がかえる**卵生**，ホニュウ類は母体内である程度育った子をうむ胎生である。

(2) 魚類や両生類は，水中に殻のない卵をうむ。ハチュウ類や鳥類は陸上で産卵するため，乾燥を防ぐため，殻のある卵をうむ。

2 (1) 体表が羽毛でおおわれているので，鳥類である。

(2) 両生類の体表は，湿った皮膚である。

(3) 魚類は水中で生活しているので，**えらで呼吸する**

③ (1) 背骨をもたない動物を，**無セキツイ動物**という。
(2)(3) からだが**外骨格**でおおわれ，からだやあしに**節がある**動物を節足動物という。
(4) エビやカニ，ザリガニのなかまを**甲殻類**という。
(5) 内臓が**外とう膜**でおおわれているのは，**軟体動物**の特徴である。軟体動物には，**内骨格も外骨格もない**という特徴もある。

魚類	両生類	ハチュウ類	鳥類	ホニュウ類
		背骨をもつ		
卵に殻がない		卵に殻がある		胎生

(1) Aの動物は背骨をもつ**セキツイ動物**である。Bの動物は背骨をもたない**無セキツイ動物**である。
Cの動物はすべてうんだ卵から子がかえる**卵生**，Dの動物は母体内である程度育った子がうまれる**胎生**である。Eの動物は**水中に殻のない卵**をうみ，Fの動物は**陸上に殻のある卵**をうむ。
(3) ペンギン(**イ**)は鳥類，サメ(**ウ**)とカツオ(**エ**)は魚類，カエル(**オ**)は両生類である。
④ (1)(2) からだが**外骨格**でおおわれ，からだやあしに**節がある**のは**節足動物**，骨がなく，内臓が外とう膜につつまれているのは**軟体動物**である。節足動物も軟体動物も，原則としてうんだ卵から子がかえる**卵生**である。
(3) 節足動物には，**昆虫類**，**甲殻類**以外に，クモのなかま，ムカデのなかま，ヤスデのなかまなどもある。

P 3 | 得点アップ問題　　　　　　　　　　本冊 P.24

(1) ①草食　　②横向き　　③肉食　　④前向き
(2) 肉食動物などの敵を発見しやすい。
(3) えものまでの距離をつかみやすい。
(1) a …皮膚　　b …肺　　c …羽毛
(2) 卵が乾燥するのを防ぐため。
(3) ①A　　②D　　③B　　④E
(1) B…ア　　D…イ　　F…ウ
(2) 魚類，両生類
(3) ア
(1) ①節足　　②軟体
(2) ①イ，ウ　　②ア，エ
(3) 動物名…セミ，カブトムシ　グループ名…昆虫類
　　動物名…エビ，ザリガニ　グループ名…甲殻類

解説

1 シマウマのような**草食動物**と，ライオンのような**肉食動物**の特徴は，次のようにまとめられる。

	草食動物	肉食動物
目のつき方	目は横向きにつき，広い範囲を見わたせるため，敵を見つけやすく，すばやく逃げられる。	目は前向きにつき，立体的に見える範囲が広いため，えものまでの距離をつかみやすい。
歯のようす	草を引きちぎる門歯や，草をすりつぶす臼歯が発達している。	えものをしとめるための犬歯が発達している。

2 Aは「ある程度育った子をうむ」(＝胎生)とあるので，**ホニュウ類**があてはまる。Bは呼吸のしかたが子と親でちがうので，**両生類**があてはまる。Cは一生えらで呼吸するので，**魚類**があてはまる。Eは体表が「うろこやこうら」でおおわれているので，**ハチュウ類**があてはまり，Dは鳥類となる。
(1)**両生類**の子はえらと皮膚，親は肺と皮膚(a)で呼吸する。**ハチュウ類**は肺(b)で呼吸する。鳥類の体表は羽毛(c)でおおわれている。
(2) ハチュウ類と鳥類は，陸上で産卵するため，卵には乾燥を防ぐための殻がある。
(3) ウサギはホニュウ類，ニワトリは鳥類，イモリは両生類，ワニはハチュウ類に分類される。
3 フナは魚類，イモリは両生類，カメはハチュウ類，ハトは鳥類，ネコはホニュウ類である。これらの特徴をまとめると，次の表のようになる。

第1章 | いろいろな生物とその共通点
定期テスト予想問題(1)　　　　　　　本冊 P.26

❶ (1) ①ドクダミ　　②タンポポ
(2) **イ**
(3) 日当たりがよく，土は乾いている。
(4) **ア**
(5) ウ…がく　　オ…花弁
(6) **エ**
(7) 被子植物
❷ (1) ①d　　②a　　③c
(2) A…(え)，(き)　　B…(お)，(け)
　　C…(あ)，(か)　　D…(う)，(く)
　　E…(い)，(こ)
(3) 子葉が1枚か，2枚か。(根は主根と側根からなるか，ひげ根か。)
❸ (1) 背骨がある。　　(2) 両生類
(3) ①えら　　②皮膚　　③肺
(4) ①ある　　②陸上
(5) **ア**
(6) イモリ…ア　　ネズミ…ウ

解説

❶ (1)(2)(3) タンポポは日当たりのよい場所に多く生える。ドクダミは建物のかげなど，日当たりが悪く，湿った場所に多く生える。
(4) 屋外で観察し，スケッチをするときには**ルーペ**を使う。
(5) ほかの記号の名称は次のとおり。
ア めしべ　**イ** おしべ　**エ** 子房

5

② (1)ホウセンカとトウモロコシは，種子をつくってなかまをふやす**種子植物**で，胚珠が子房の中にある**被子植物**である。

(2)ホウセンカは子葉が2枚の**双子葉類**に分類されるので，葉脈は網目状に広がる**網状脈**で，根は**主根と側根**からなる。

(3)トウモロコシは子葉が1枚の**単子葉類**で，単子葉類の葉脈は平行に通っている**平行脈**，根は**ひげ根**である。ユリ，イネ，ツユクサは単子葉類に分類され，サクラ，エンドウ，アブラナは双子葉類に分類される。

③ (2)**軟体動物**は，内臓が**外とう膜**につつまれている。

(3)軟体動物には，図2のアサリのように**水中で生活**し，**えらで呼吸**しているものが多い。マイマイは陸上で生活し，肺で呼吸している。

(4)(5)昆虫類や甲殻類などをまとめて**節足動物**という。節足動物のからだは，**外骨格**でおおわれており，からだやあしに多くの**節**がある。

(7)昆虫類はカブトムシ，バッタ，甲殻類はザリガニ，エビ，その他の節足動物はムカデ，クモである。ミミズ(**ウ**)は軟体動物・節足動物以外の無セキツイ動物，マイマイ(**キ**)，タコ(**ケ**)は軟体動物である。

ミス注意！

(6)被子植物では，**子房が成長して果実となり，子房の中の胚珠が成長して種子となる。**

(7)胚珠が子房の中にある植物を**被子植物**，胚珠がむき出しになっている植物を**裸子植物**という。

② (1)①胚珠が子房の中にある植物を**被子植物**，胚珠がむき出しになっている植物を**裸子植物**という。

②双子葉類の葉脈は**網状脈**，単子葉類の葉脈は**平行脈**である。

③合弁花類の花弁はくっついており，離弁花類の花弁は離れている。

(3)**子葉の枚数のちがい，根のつくりのちがい**のどちらかについて答える。

③ (1)カエル，ワニ，クジラはすべて**セキツイ動物**である。セキツイ動物に共通する特徴は，**背骨があること**である。

(2)(3)カエルは**両生類**で，親になると，からだの形や生活のしかたが大きく変わる。子のときは水中で生活するので，えらと皮膚で呼吸し，親になると陸上で生活するようになるので，肺と皮膚で呼吸する。

(4)ワニは陸上に卵をうむため，**乾燥にたえられるように，卵に殻がある。**

ミス注意！

(5)**クジラ**は水中で生活するが，**ホニュウ類**である。よって，**肺で呼吸する。**

(6)イモリは両生類，ネズミはホニュウ類である。

第1章 | いろいろな生物とその共通点
定期テスト予想問題(2)　　本冊 P.28

❶ (1)胚珠

(2)D

(3)A…ウ　　B…エ　　C…オ

(4)雌花

(5)裸子植物

❷ (1)ウ

(2)①ア　　②エ　　③カ

(3)ウ，オ，カ

❸ (1)背骨がない。

(2)外とう膜　　(3)えら

(4)節足動物

(5)①外骨格　　②節

(6)イ

(7)A…イ，カ　　B…ア，オ　　C…エ，ク

解説

❶ (1)エンドウは被子植物なので，**胚珠は子房の中にある。**

(2)Dは雌花の**りん片**である。

(5)マツなどのような，胚珠がむき出しになっている

1 実験器具

テストの **要点** を書いて確認　　　　　　　　本冊 P.30

①ガス調節ねじ　　②空気調節ねじ　　③空気　　④青

　　　　　　　　　　本冊 P.31

1 (1) B→C→A→D
　(2) a…ガス調節ねじ　　b…空気調節ねじ
　(3) ねじ…b　向き…イ　　(4) bのねじ

2 ①水平　②B　③10分の1　④67.5

3 (1) 少し重いと思われる分銅
　(2) 右（の皿）
　(3) 指針が左右に等しく振れるようになったとき。

解説

1 ┃ミス注意!┃

(1) ガスバーナーに火をつけるときの操作は，次の手順で行う。
①ガスバーナーの上下2つのねじが閉まっているか，確認する。
②ガスの元栓とコックを開く。
③マッチに火をつけ，ガス調節ねじを少しずつ開いて点火する。
④ガス調節ねじをおさえて，空気調節ねじを少しずつ開き，青色の炎になるように調節する。

┃ミス注意!┃

(2) ガスバーナーのねじは，上から空気調節ねじ，ガス調節ねじである。

┃ミス注意!┃

(3) 炎の大きさを調節する場合は**ガス調節ねじ**を，炎の色を調節する場合は**空気調節ねじ**を回す。

(4) 火を消すときは，空気調節ねじ→ガス調節ねじ→コック→元栓の順で閉める。

2 メスシリンダーのめもりを読むときは，目の位置を液面と同じ高さにし，液面の真横から見る。そして，液面の中央の平らなところのめもりを読む。めもりを読むときは，1めもりの10分の1まで目分量で読みとる。

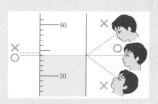

3 ┃ミス注意!┃

(1) 分銅は，重さをはかろうとするものよりも，少し重いと思われるものを最初にのせる。

(2) 物体の質量をはかる場合，右利きの人の場合は分銅を右の皿，物体を左の皿にのせる。

(3) 上皿てんびんがつり合っているかどうかは，**針が左右に等しく振れるかどうかで判断できる**。針が止まるまで待つ必要はない。

　　　　　　　　本冊 P.32

1 (1) 開く。
　(2) ①ガス調節ねじ　　②空気調節ねじ
　　　③元栓　　④赤　　⑤青
　(3) イ→ウ→ア
　(4) a…空気　　b…ガス

2 (1) 水平な台の上
　(2) イ
　(3) 84.0cm³
　(4) 1cm³
　(5) 5.0cm³

3 ①水平　②等しく　③調節ねじ　④b
　⑤左　⑥ピンセット　⑦イ　⑧重い
　⑨薬包紙　⑩両方　⑪左　⑫一方

4 (1) 最初…20g　最後…200mg
　(2) 30.2g
　(3) 一方の皿を他方の皿に重ねておく。
　(4) ア，ウ，エ
　(5) 79.9g

解説

1 (1) ガスバーナーのねじを開くときは，反時計回りに回す。

┃ミス注意!┃

(2) 炎の大きさを調節する場合は**ガス調節ねじ**を，炎の色を調節する場合は**空気調節ねじ**を回す。ガスバーナーを使用するときは，空気調節ねじを開き，**青色の安定した炎**にする。空気の量が不足しているときは，炎の色が**赤色**になる。

┃ミス注意!┃

(3) 火を消すときは，**空気調節ねじ→ガス調節ねじ→コック→元栓の順**で閉める。

2 (1) メスシリンダーは水平で安定した場所に置いて使用する。

┃ミス注意!┃

(2) 目の位置が液面とちがう高さにあると，めもりを正しく読むことができない。よって，目の位置はメスシリンダー内の**液面と同じ高さ**にする。

(3) メスシリンダーのめもりを読むときは，最小めもりの10分の1まで目分量で読みとる。
(4) 80cm³から90cm³までにあるめもりの数は10。よって，1めもりは1cm³である。
(5) 89.0cm³－84.0cm³＝5.0cm³

ミス注意!

上皿てんびんを使うときは，水平な台の上に置き，指針が左右に等しく振れるかを確認する。等しく振れない場合は，調節ねじを使って等しく振れるようにする。ものの質量をはかる場合は，分銅を用いる。このとき，右利きの人の場合は分銅を右の皿，質量をはかろうとするものを左の皿にのせる。このとき，はかろうとするものよりも少し重いと思われる分銅からのせていく。分銅を上皿てんびんにのせるときは，直接手で持ってはいけない。粉末の薬品などの質量をはかりとる場合は，まず薬包紙を両方の皿の上に置き，薬包紙の上に粉末の薬品などを置くようにする。

4 **ミス注意!**

(1)分銅は少し重いと思われるものから順にのせる。

(2) 1g＝1000mgである。よって，200mg＝0.2g

ミス注意!

(4)上皿てんびんがつり合っているかどうかは，指針が左右に等しく振れるかどうかで決める。指針が止まるまで待つ必要はない。

(5) 50×1＋20×1＋5×1＋2×2＋0.5×1＋0.2×2＝79.9g

② いろいろな物質

STEP 1 要点チェック

テストの **要点** を書いて確認　　　本冊 P.34

①金属光沢　②電気　③のび　④広がる

STEP 2 基本問題　　　本冊 P.35

1 ア，ウ

2 (1)ウ，エ

(2)エ

3 (1)エ

(2)ア，エ

(3)ア，エ

4 (1)二酸化炭素

(2)無機物

(3)二酸化炭素…B　　エタノール…A

解説

1 **ミス注意!**

物体とは，一定の形をしているものを指す。物質とは，その物体をつくっている材料の種類を指す。

コップ → 一定の形をしているので物体

ガラス → 物体をつくっている材料の種類なので
物質

缶 → 一定の形をしているので物体

アルミニウム → 物体をつくっている材料の種類
なので**物質**

2 (1)アルミニウムは磁石につかないが，鉄はつく性質を利用して調べることができる。また，密度を比べることで調べることもできる。

(2)アルミニウムと銅は両方とも水に沈み，電気を通し，磁石につかないという性質をもっている。よって，密度を比べることで区別する。

3 (1)ア 砂糖と食塩は両方とも水にとけるので，区別できない。

イ 砂糖と食塩は両方とも電気を通さないので，区別できない。

ウ 砂糖と食塩は両方とも磁石につかないので，区別できない。

エ 砂糖は加熱するとこげて黒くなるが，食塩は変化しないので，区別できる。

(2)ア デンプンは水にほとんどとけないが，食塩は水にとけるので，区別できる。

イ デンプンと食塩は両方とも電気を通さないので，区別できない。

ウ デンプンと食塩は両方とも磁石につかないので，区別できない。

エ デンプンは加熱するとこげて黒くなるが，食塩は変化しないので，区別することができる。

(3)ア 砂糖は水にとけるが，デンプンは水にとけないので，区別できる。

イ 砂糖とデンプンは両方とも電気を通さないので，区別できない。

ウ 砂糖とデンプンは両方とも磁石につかないので，区別できない。

エ 砂糖とデンプンは両方とも加熱するとこげて黒くなるが，ようすが異なるので，区別できる。

4 (1)Aのグループは炭素をふくむ物質で，有機物とよばれる。有機物が燃えると，二酸化炭素が発生する。

(2)有機物以外の物質を無機物という。

ミス注意!

(3)二酸化炭素は炭素をふくむが，無機物に分類される。エタノールは炭素をふくみ，有機物である。

STEP 3 得点アップ問題　　　本冊 P.3

1 (1)デンプン

(2)食塩

(3)(例)手ざわりを確認する。(粒の大きさを比べる

2 (1)金属

(2)鉄

(3)プラスチック

3 (1)アルミニウム

(2) 62.96g

(3)銅

(4)浮く。

4 (1) 40.0 cm³

(2)金

5 (1)図1…イ　　図2…エ

(2) 図1

(3) ①炭素　　②有機物

(4) 図1

解説

1 ■ミス注意！

（1）デンプンは**水にとけず**，**水が白くにごる**。

（2）食塩は**加熱しても変化しない**。

2 （1）銅，鉄，アルミニウムなどのように，**みがくと金属光沢の見られる物質を金属**という。

（2）4つの物質のうち，鉄は**磁石につく**。

（3）4つの物質のうち，プラスチックは**電気を通さない**。

3 （1）密度を求める式は次のとおり。

$$密度〔g/cm^3〕 = \frac{質量〔g〕}{体積〔cm^3〕}$$

これより，

$$\frac{21.60g}{8cm^3} = 2.70g/cm^3$$

よって，アルミニウムとわかる。

（2）鉄の密度は$7.87g/cm^3$，体積は$8cm^3$なので，立方体の質量は，

$$7.87g/cm^3 × 8cm^3 = 62.96g$$

■ミス注意！

（3）同じ質量で比べた場合，最も体積が小さくなるのは**最も密度の大きい物質**である。

（4）$\frac{31.6g}{40cm^3} = 0.79g/cm^3$　これは**水の密度1.0g/cm³よりも小さい**ので，水に浮く。

4 （1）アルミニウムの密度は$2.70g/cm^3$。メスシリンダーに入れたアルミニウムの質量は67.5g。よって，アルミニウムの球の体積は，$\frac{67.5g}{2.70g/cm^3} = 25.0cm^3$　メスシリンダーのめもりは，$15.0cm^3 + 25.0cm^3 = 40.0cm^3$

（2）ある物体の体積は，$35.0cm^3 - 20.0cm^3 = 15.0cm^3$

この物質の密度は，$\frac{289.5g}{15.0cm^3} = 19.3g/cm^3$

表より，この物質は金だとわかる。

5 （1）ろうそくには**水素**がふくまれているので，燃えると**水が発生**する。スチールウール（鉄）には，水素はふくまれていない。

（2）（3）ろうそくは有機物で**炭素**をふくんでいるので，燃えると**二酸化炭素が発生**する。二酸化炭素には石灰水を白くにごらせる性質がある。スチールウール（鉄）のような無機物は炭素をふくんでいない。

（4）デンプンは有機物である。

3 気体の性質

STEP 1 要点チェック

テストの要点を書いて確認　　本冊 P.38

①小さい　　②大きい　　③少しとける

④石灰石（炭酸カルシウム）　　⑤大きい

⑥水上置換法　　⑦二酸化マンガン

⑧よくとける　　⑨上方置換法

STEP 2 基本問題　　本冊 P.39

1 （1）記号…③　　　名称…水上置換法

　　（2）記号…①　　　名称…上方置換法

2 （1）**イ**

　　（2）空気よりも大きくなっている。

　　（3）**ウ，オ**

3 （1）小さい。

　　（2）**ア**

　　（3）**エ**

　　（4）音を立てて燃え（て水ができ）る。

解説

1 （1）水素は**水にとけにくい**ので，水上置換法で集める。

（2）アンモニアは**水にとけやすく，空気より密度が小さい**ので上方置換法で集める。

2 ■ミス注意！

（1）二酸化炭素は水に**少しとける**。

■ミス注意！

（2）二酸化炭素は空気より**重い**。よって，密度も空気より**大きい**。

（3）二酸化炭素を発生させるには**石灰石**とうすい**塩酸**を用いる。

3 ■ミス注意！

（1）水素は**空気よりも非常に密度が小さい**気体である。

（2）**水素**を発生させるには，**鉄**にうすい**塩酸**を加える。

（3）塩酸のかわりに**硫酸**を用いても，水素は発生する。

■ミス注意！

（4）水素に火を近づけると，水素自身が燃えて**水**ができる。

STEP 3 得点アップ問題　　本冊 P.40

1 （1）水にとけにくい。

　　（2）空気より（少し）大きい。

　　（3）線香が炎を出して激しく燃える。

　　（4）助燃性

　　（5）二酸化マンガンにうすい過酸化水素水（オキシドール）を加える。

2 (1) ビーカー内の水がガラス管を通って丸底フラスコ
の中に入ってくる。

(2) エ

(3) ウ

(4) 青色

(5) 起きない。

3 ①キ，ク，コ

②ア，シ

③ウ，オ，ケ

④イ，エ，カ，サ

4 (1) ①とけにくい　②無臭　③酸性

④非常によくとける　⑤酸性

(2) E

(3) A

(4) D

(5) 大きい

(6) 記号…ア　名称…上方置換法

解　説

1 (1) 酸素は水にとけにくい。

(2) 酸素は空気より少し重く，密度も**空気より少し大
きい**。

> **ミス注意！**
> (3) 酸素は，**酸素自身が燃えるのではなく，ほか
> の物質を燃やすはたらきをもっている。**

(4) (3)のはたらきを**助燃性**という。

(5) その他にも，二酸化マンガンのかわりにレバーや
ジャガイモにうすい過酸化水素水(オキシドール)を加
えても酸素が発生する。

2 (1) スポイト内の水を丸底フラスコの中に入れると，
丸底フラスコ内のアンモニアが水にとける。 そして，
そのとけたアンモニアと同じ体積分だけ，ビーカーの
水を吸い上げる。

(2) (1)より，この実験は**アンモニアが水に非常にとけ
やすい気体である**という性質を利用したものである。

(3) アンモニアは水に非常にとけやすく，水にとける
と**アルカリ性**を示す。

(4) BTB溶液は，酸性では**黄色**，アルカリ性では**青色**
になる。

> **ミス注意！**
> (5) **水素は水にとけにくい気体なので，** アンモニ
> アのような変化は見られない。

3 ア BTB溶液は，酸性で黄色になる。

イ 水に非常によくとける気体はアンモニアである。

ウ 気体そのものが燃えるのは水素である。

エ 赤色リトマス紙が青色になるのはアルカリ性の水
溶液である。

オ 物質の中で最も密度の小さい気体は水素である。

カ 水にとけやすく，空気より密度が小さい気体を集
めるときは，上方置換法を用いる。

キ 物質を燃やすはたらき(助燃性)があるのは酸素で
ある。

ク 体積の割合で空気中に約20％ふくまれているのは
酸素である。

ケ 亜鉛にうすい塩酸を加えると**水素が発生**する。

コ 二酸化マンガンにうすい過酸化水素水(オキシドー
ル)を加えると**酸素が発生**する。

サ 塩化アンモニウムと水酸化カルシウムを混ぜて加
熱すると**アンモニアが発生**する。

シ 石灰石にうすい塩酸を加えると**二酸化炭素が発生**
する。

4 それぞれの気体の名称は次のとおり。

A…酸素

B…二酸化炭素

C…アンモニア

D…塩化水素

E…水素

(1) ① 酸素は水にとけにくい。

② 二酸化炭素は無臭である。

③ 二酸化炭素は水にとけると酸性を示す。

④ アンモニアは水に非常によくとける。

⑤ 塩化水素は水にとけやすく，水にとけると酸性を
示す。

> **ミス注意！**
> (3) 気体自身が燃えるのは**水素**。ものを燃やすはた
> らき(助燃性)があるのは**酸素**である。

(4) 塩化水素を水にとかしたものを塩酸といい，塩酸
は胃液にふくまれている。

> **ミス注意！**
> (5) **二酸化炭素は空気よりも密度が大きい。**

(6) それぞれの気体の集め方の名称は次のとおり。

ア 上方置換法　水にとけやすく，空気より密度が小
さい気体を集める。

イ 下方置換法　水にとけやすく，空気より密度が大
きい気体を集める。

ウ 水上置換法　水にとけにくい気体を集める。

アンモニアは空気より密度が小さく，水にとけやすい。
よって，上方置換法で集める。

---

4 水溶液の性質

STEP **1** 要点チェック

テストの 要点 を書いて確認　　　　本冊P.

①溶質　　②溶媒　　③純粋な物質（純物質）

④混合物

STEP **2** 基本問題　　　　本冊P.

1 (1) ①溶質　　②溶媒　　(2) イ

(3) 混合物

2 (1) 7.5%　　(2) 10g

(1) 飽和水溶液　　(2) 46 g（42 g ～ 50 g なら可）

(3) 再結晶　　(4)（食塩水を加熱し，）水を蒸発させる。

解 説

1 (1) 溶質が溶媒にとけている液体を**溶液**という。とくに，**溶媒が水の場合を水溶液という。**

ミス注意!

(2) 水溶液の濃さは均一で，粒子は一様に散らばっている。時間が経過しても**その状態は変わらない。**

(3) 砂糖の水溶液は水と砂糖の**混合物**である。

2 質量パーセント濃度の求め方は次のとおり。

$$質量パーセント濃度〔\%〕 = \frac{溶質の質量〔g〕}{溶液の質量〔g〕} \times 100$$
$$= \frac{溶質の質量〔g〕}{溶質の質量〔g〕 + 溶媒の質量〔g〕} \times 100$$

(1) $\frac{15g}{200g} \times 100 = 7.5$ より，7.5 %

(2) $125g \times \frac{8}{100} = 10g$

これより，必要な食塩の量は 10 g

3 (1) 物質がそれ以上とけることのできなくなった水溶液を飽和水溶液という。

(2) グラフより，60 ℃ の水 100 g にはミョウバンは約 58 g とけることがわかる。20 ℃ の水 100 g では，ミョウバンは約 12 g とける。これより，58 g － 12 g ＝ 46 g が結晶となる。グラフから正確な数値を読みとるのは，難しいので，正答には許容範囲がある。

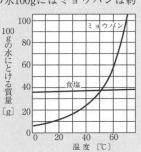

(3) 固体の物質をいったん水にとかし，溶解度の差を利用して再び結晶としてとり出すことを**再結晶**という。

ミス注意!

(4) 食塩の溶解度は水の温度が変化してもあまり変わらない。結晶をとり出すには，**水溶液を加熱するなどして，溶媒の水を蒸発させるとよい。**

EP3　得点アップ問題　　本冊 P.44

(1) A…硫酸銅　　B…デンプン

(2) B

(3) イ

(4) エ

(5) A，C

(1) 16 %

(2) 54 g

(3) 46 g

(4) 9 %

(5) 8 %

(1) ウ

---

(2) A…ろうと　　B…ろ紙

(3) 水でぬらす。

(4)

4 (1) 14（13）g

(2) 18（19）g

(3) 再結晶

(4) ウ

(5) ウ

解 説

1 (1) **硫酸銅水溶液は青色なので A。**

ミス注意!

(2)「水にとける」とは，集まっていた物質の粒子が水の粒子の間に入りこんでバラバラになり，液が透明になることである。B のビーカーは不透明なので，とけたとはいえない。

ミス注意!

(3) 水溶液は，放置しても**濃さは均一のままである。**

(4)「とけている」とは，**水溶液の濃さがどの部分でも均一の状態のこと**を指す。よって，**エ**が正解。

(5) 色がついていても透明であれば水溶液である。

2 (1) $\frac{24g}{24g + 126g} \times 100 = 16$ より，16 %

(2) $300g \times \frac{18}{100} = 54g$

(3) $50g \times \frac{8}{100} = 4g$

$50g - 4g = 46g$

(4) $100g \times \frac{18}{100} = 18g$

$\frac{18g}{200g} \times 100 = 9$ より，9 %

(5) $400g \times \frac{7}{100} = 28g$

$\frac{28g}{350g} \times 100 = 8$ より，8 %

3 (1)(2) ろ過とは，ろうとやろ紙などを使って，**固体と液体を分ける操作**である。

(3) ろ過をするときは，**ろうととろ紙を密着させる必要があるので，ろ紙を水でぬらす。**

(4) ろ過をするときは，**ろうとのあしのとがった方をビーカーの内側の壁につける。**

4 (1) 40 ℃ のときの溶解度は約 64（63）g。

よって，64 g － 50 g ＝ 14 g

(2) 20 ℃ のときの溶解度は 32（31）g。

よって，$50g - 32g = 18g$

5 状態変化(1)

STEP 1 要点チェック

テストの 要点 を書いて確認
本冊 P.46

①状態変化　②大きく　③変わらない
④小さく　⑤小さく

STEP 2 基本問題
本冊 P.47

1　(1) b，d，e
　(2) e
　(3) a
　(4) 質量…変化しない。　体積…小さくなる。
　(5) 固体…イ　液体…ウ　気体…ア

2　(1) イ
　(2) B
　(3) ア，イ

解説

1　(1)冷却すると起こる状態変化は，気体→固体(b)，
気体→液体(d)，液体→固体(e)である。固体→気体
(a)，液体→気体(c)，固体→液体(f)は加熱すると起
こる状態変化である。
　(3)固体→気体が起こる現象である。

　(5)物質の粒子の運動は次のとおりである。
固体…規則正しく並び，振動している。
液体…規則正しく並ばず，比較的自由に動いている。
気体…自由に飛び回っている。

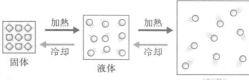

2　(1)物質Aは，−20℃のときと25℃のときに液体なの
で，その間の温度の−5℃のときも液体である。
　(2)10℃のとき気体である物質は，−20℃のときには
気体である物質Bである。
　(3)物質Eは，25℃のとき固体なので，−150℃のと
きと0℃のときは固体である。120℃では液体なので，

それ以上高い温度のときは固体ではない。

STEP 3 得点アップ問題
本冊 P.4

1　(1) 状態変化
　(2) A…固体　B…液体
　(3) 大きくなる。
　(4) 小さくなる。
　(5) B→気体の変化

2　(1) イ
　(2) ①変わらない。　②せまくなる。
　　③振動しているだけになる。

3　(1) ふくらむ。
　(2) ウ
　(3) しぼむ。

4　(1) 体積は大きくなるが質量は変わらないので，密度
　　が水より小さくなるから。
　(2) ウ
　(3) エ

5　(1) C→A→B
　(2) 状態変化
　(3) イ
　(4) ウ

解説

1　(1)温度によって物質の状態が変化することを状態変
化という。
　(2)固体を加熱すると液体になり，液体を加熱すると
気体になる。

　(4)質量がそのままで体積が大きくなるので，密度は
小さくなる。
　(5)気体になると，粒子と粒子の結びつきがなくなり，
粒子間のすき間が非常に大きくなるので，体積も非常
に大きくなる。

2　(1)ロウが液体から固体になると，体積が小さくなる。
また，ビーカーに入れた液体のロウを冷やすと，ビー
カーのまわりから固体になっていくので，完全に固体
になったとき，中央部がへこむ。
　(2)液体から固体になると，粒子の間隔はせまくなり，
粒子の運動は振動するだけになる。粒子の数は状態に
関係なく，一定である。

3　(1)(2)少量の液体のエタノールを入れた袋に熱湯を
かけると，液体のエタノールが気体に変化し，体積が
大きくなり，袋がふくらむ。
　(3)気体のエタノールが入った袋を冷やすと，袋の中
のエタノールが液体になり，体積が小さくなるので，
袋はしぼむ。

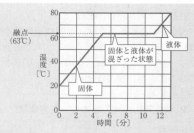

融点
(63℃)

固体と液体が
混ざった状態

液体

固体

温度〔℃〕

時間〔分〕

4 ミス注意!

(1)物質は，ふつう液体が固体に変化するときには体積が小さくなるが，水は大きくなる。質量はどの状態でも変化しないので，水の場合，密度が小さくなる。

(2)(3)ロウが**液体から固体に変化すると，質量は変化しないが体積が小さくなる。**よって，密度が大きくなるので，固体のロウは液体のロウの中に入れると沈む。

5

(1)(2)固体の物質(**C**)を加熱すると，液体(**A**)に変化し，さらに加熱すると，気体(**B**)に変化する。このような変化を**状態変化**という。

(3)液体では，粒子は規則正しく並んでおらず，**比較的自由に動くことができる。**

(4)物質が**状態変化しても，質量は変化しない。**

6 状態変化(2)

EP 1 要点チェック

テストの**要点**を書いて確認　　　本冊 P.50

①固体　②固体　③液体　（②，③順不同）
④液体　⑤融点　⑥沸点

EP 2 基本問題　　　本冊 P.51

(1)沸点

(2)ア

(3)a

(4)エタノール

(1)固体と液体が混ざった状態。　(2)ウ

(3)**A**点…固体　　**C**点…液体

(4)純粋な物質

(5)融点…変わらない。
　　時間…長くなる。

解説

1 ミス注意!

(2)沸騰が始まると，温度の上昇はゆるやかになる。沸騰している間の温度は，混合物の場合，純粋な物質(純物質)のように，一定の温度にはならない。

(3)(4)**水よりエタノールのほうが沸点は低いので，**水よりエタノールのほうが先に気体になる。よって，火がよくついたのは**a**の液体と考えられる。

2 パルミチン酸の状態は，温度によって次のように変化する。

(4)融点に達してから，完全に液体になるまで温度が一定なので，純粋な物質だといえる。

(5)パルミチン酸の質量を大きくしても**融点は変わらないが，融点に達するまでの時間は，質量が大きくなった分だけ長くなる。**

STEP 3 得点アップ問題　　　本冊 P.52

1
(1) B

(2) D

(3) ウ

(4) 純粋な物質

(5) すべて固体になるまで，温度が変わっていないから。

(6) ア

2
(1) a …エ　　b …イ

(2) 変化していない。

(3) 融点

(4) ウ

3
(1) 沸騰石

(2) 急な沸騰（突沸）を防ぐため。

(3) 蒸留

(4) (例) 原油の精製

(5) 手であおぐようにしてかぐ。

(6) a

(7) エタノールは水よりも沸点が低いため，先に出てきた気体のほうがより多くのエタノールをふくんでいるから。

(8) ガラス管の先が試験管の液体につかっていないことを確認する。

(9) 液体がガラス管を逆流し，加熱した試験管が割れるのを防ぐため。

解説

1
(1)(2)純粋な物質では，液体が固体になり始めると，ある一定の温度となり変化しない。すべて固体になると，温度が再び下がり始める。

(3)(4)(5)**純粋な物質では，液体から固体に変化している間，温度は一定である。**海水やロウは，複数の物質が混じっている混合物である。

(6)固体の物質をとかして液体にすると，体積は大きくなる。そして，再び冷やして固体にすると，体積は

13

もとの固体の体積と同じになる。

2 (1)融点に達するまでは，温度は上昇するが，固体の状態のままである。融点に達し，グラフが水平な状態では，固体と液体が混じっている。**固体がすべて液体になると，再び温度が上昇する**。

> ミス注意！
> (2)状態変化が起こっても，質量は変化しない。

> ミス注意！
> (3)固体が液体になる温度を**融点**，液体が沸騰して気体になる温度を**沸点**という。

3 (1)ガスバーナーなどで液体を加熱する場合は，必ず**沸騰石**を入れる。
(2)沸騰石を入れることで，**急な沸騰（突沸）を防ぐ**ことができる。
(3)液体を加熱して気体にし，その後冷やして再び液体を集める方法を**蒸留**という。
(4)ウイスキーなどのお酒の製造にも，蒸留が利用されている。
(5)気体のにおいをかぐときは，有害な気体もあるため，鼻を直接近づけるのではなく，容器を鼻に近づけすぎないようにして，手であおぐようにして，直接吸いこまないようにする。
(6)(7)エタノールの沸点は78℃で，水の沸点は100℃である。よって，**エタノールのほうが先に沸騰**し，気体となって試験管から出てくる。このため，**先に集めた液体のほうが，あとに集めた液体よりもエタノールの量が多い**。
(8)(9)火を消したときに，ガラス管が試験管に集めた液体に入っていると，**液体が逆流して加熱した試験管が割れるおそれがある**。

第2章 | 身のまわりの物質
定期テスト予想問題　　本冊 P.54

1 (1)密度
(2)C
(3)E
(4)BとD，FとG
(5)F，G
(6)A
2 (1)上方置換法
(2)ア
(3)とけて
3 (1)C
(2)① A　　② B
(3)21（22）g
(4)水の温度が下がったことで溶解度も下がり，水にとけきれなくなった物質が結晶となって現れるから。
(5)17%

---

4 (1)沸点
(2)80℃
(3)AとB　理由…沸点が同じだから。
(4)D　理由…グラフに水平な部分がないから。

> 解 説

1 (1)(2)物質1cm³あたりの質量を**密度**という。それぞれの密度は次のとおりである。

$$A \cdots \frac{60g}{15cm^3} = 4g/cm^3$$

$$B \cdots \frac{60g}{30cm^3} = 2g/cm^3$$

$$C \cdots \frac{40g}{5cm^3} = 8g/cm^3$$

$$D \cdots \frac{30g}{15cm^3} = 2g/cm^3$$

$$E \cdots \frac{30g}{30cm^3} = 1g/cm^3$$

$$F \cdots \frac{20g}{30cm^3} = 0.666\cdots g/cm^3$$

$$G \cdots \frac{10g}{15cm^3} = 0.666\cdots g/cm^3$$

上記より，最も密度が大きい物質は**C**である。
(別解)原点から直線を引いたとき，直線の傾きが大きいほど密度が大きい。
(3)上記より，密度が1.0g/cm³であるのはEである。
(4)上記より，BとD，FとGの密度が等しいのでそれぞれが同じ物質だとわかる。また，計算をしなくても，下の図の原点から直線を引くと，**BとD，FとGは同じ直線上にあることがわかる**。よって，それぞれが同じ物質であることがわかる。

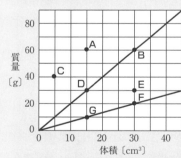

(5)水に浮くということは，**水よりも密度が小さい物質**である。よって，**FとG**である。

(6)物質Hの密度は，$\frac{200g}{50cm^3} = 4g/cm^3$

これより，**HはAと同じ物質である**といえる。
2 (1)アンモニアは**空気よりも密度が小さく，水に非常によくとける気体**なので，上方置換法で集める。
(2)アンモニアは水にとけると**アルカリ性**を示すので，**赤色リトマス紙を青色に変える**。エの塩化コバルト紙は水があることを確かめるときに使う。
3 (1)グラフより，水の温度が60℃のとき，Cは13gほどしかとけない。
(3)水の温度が20℃のときの物質Aの溶解度は9（8）g

なので,

$30g - 9(8)g = 21(22)g$

(5) グラフより,70℃の水100gに物質Cは20gとける。よって,質量パーセント濃度は

$$\frac{20g}{20g + 100g} \times 100 = 16.66\cdots \quad より,$$

小数第1位を四捨五入して,およそ17%となる。

④ ミス注意!

(1) 液体が沸騰するときの温度を**沸点**という。

(2) 液体Cは80℃で温度が一定になっているので,沸点は80℃である。

(3) AとBは両方とも沸点が100℃なので,同じ液体であるといえる。ちなみに,沸点が100℃の液体は水である。

(4) Dはほかの液体とちがってグラフに水平な部分がないので,沸点の異なる液体が混ざった混合物である。

---

1 光の性質

STEP 1 要点チェック

テストの要点を書いて確認 本冊 P.56

①入射角　②反射角（①,②順不同）　③35°
④入射光　⑤反射光　⑥入射角　⑦反射角

STEP 2 基本問題 本冊 P.57

1 (1) 入射する光…入射光　反射する光…反射光

(2) 入射角…b　　反射角…c

(3) イ

(4) (光の) 反射の法則

2 c

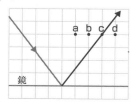

3 (1) 図1…a　　図2…f

(2) (光の) 屈折

(3) 全反射

解説

1 (2) 鏡の面に向かって進む光(入射光)と鏡の面に垂直な直線のつくる角度を**入射角**,反射光と鏡の面に垂直な直線のつくる角度を**反射角**という。

ミス注意!

(3) 光が入射する角度に関係なく,入射角と反射角の大きさは**常に等しい。**

2 入射角と反射角の大きさは等しいので,光は右の図のように反射し,**c**点を通る。

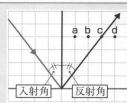

3 **ミス注意!**

(1) 空気中から水中に光が進むとき

　　…**入射角＞屈折角の関係が成り立つ。**

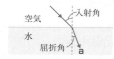

水中から空気中に光が進むとき…**入射角＜屈折角の関係が成り立つ。**

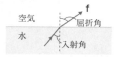

（2）入射する光が，境界面で曲がる現象を光の**屈折**という。

（3）光が水中やガラス中から空気中へ進むとき，入射角がある一定の大きさをこえると，**光が空気中に出なくなり，境界面ですべての光が反射する**現象が起こる。この現象を**全反射**という。

STEP 3 得点アップ問題 本冊 P.58

1 （1）B
　（2）エ
　（3）ア
　（4）イ
　（5）全反射

2 （1）①

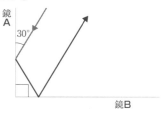

　②30°
　（2）C

3 （1）①屈折　　②大きく
　（2）ウ
　（3）ウ

4 （1）d
　（2）f
　（3）a，e

解説

1 （1）この図の場合では，Aが屈折光，Bが反射光である。
（2）入射角は**オ**。境界面に立てた垂線に対して，入射角と対称な角**エ**が反射角になる。

> **ミス注意！**
> （3）屈折角とは，境界面に垂直な直線と屈折光の間の角である。

> **ミス注意！**
> （4）水中から空気中に光が進むときは，**入射角よりも屈折角のほうが大きくなる。**

（5）光が水中から空気中へと進む場合，入射角が大きくなると，屈折した光が境界面に近づいていく。そして，**入射角がある一定以上の大きさになると，境界面ですべての光が反射する**ようになる。この現象を全反射という。

2 （1）鏡Aへの入射光の入射角は90－30＝60°
よって，鏡Aの反射角は，入射角＝反射角より60°になる。
次に，鏡Bへの入射角は90－60＝30°
よって，鏡Bの反射角は，入射角＝反射角より，30°

になる。

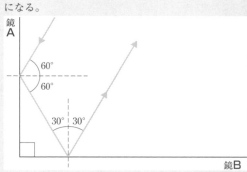

（2）次の図のように，鏡の面に対して，点B，C，Dのそれぞれ線対称の点B′，C′，D′を作図する。そして，点Aと点B′，C′，D′をそれぞれ結び，直線AB′，AC′，AD′を作図する。その直線の中で鏡を通るものが，鏡で反射して，鏡の中に見ることができる人である。

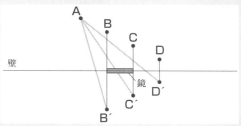

3 **ミス注意！**
（1）水中から空気中に光が入射するとき，**屈折角は入射角よりも大きくなる。**

（2）屈折角が入射角よりも大きいので，茶わんの底が実際よりも浅く見え，コインが浮き上がったように見える。

4 （1）半円側から円の中心に向かって入った光はそのまま直進する。光がガラス中から空気中に出るときは，屈折角のほうが入射角より大きくなる。

（2）半円ガラスの中心を通る光は，空気中から半円ガラスの平面側に入るときに，入射角よりも屈折角が小さくなるように屈折し，半円側から空気中に出るときには屈折せずに直進する。

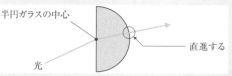

（3）光の一部は，半円ガラスの半円側で反射し，残りの光は半円ガラスに入るときに，入射角よりも屈折角が小さくなるように屈折し，半円ガラスの平面側から空気中に出るときには，入射角よりも屈折角のほうが大きくなるように屈折する。

凸レンズのはたらき

STEP 1 要点チェック

本冊 P.60

テストの**要点**を書いて確認

①実像　　②虚像

STEP 2 基本問題

本冊 P.61

1
(1) c
(2) b
(3) a

2
(1) 実像
(2) 大きく見える。
(3) ③

解説

1
ミス注意!
(1) 光軸に平行に進む光は，凸レンズで屈折し，反対側の焦点を通る。

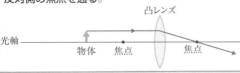

ミス注意!
(2) 凸レンズの中心を通る光は，まっすぐ進む。

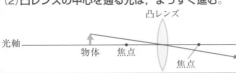

ミス注意!
(3) 焦点を通る光は，凸レンズで屈折し，光軸に平行に進む。

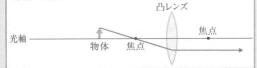

2
(1) **物体が焦点よりも外側にあるとき，凸レンズを通った光は1点に集まり，ついたてに上下左右が逆さまの像**がうつる。この像を**実像**という。

ミス注意!
(2) 実像の大きさはもとの物体を置いた位置によって変化する。
ア 物体が焦点距離の2倍の位置より遠くにあるとき
➡物体より小さな実像が，焦点と焦点距離の2倍の位置の間にできる。

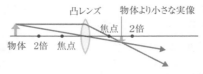

イ 物体が焦点距離の2倍の位置にあるとき
➡物体と同じ大きさの実像が，焦点距離の2倍の位置にできる。

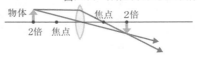

ウ 物体が焦点と焦点距離の2倍の位置の間にあるとき
➡物体より大きな実像が，焦点距離の2倍の位置より遠くにできる。

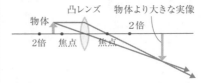

この問題中の①は，上記の**ウ**にあたる。よって，ついたてにうつる像はもとの物体よりも大きく見える。

ミス注意!
(3) 虚像とは，**物体が凸レンズの焦点よりも内側にあるとき，物体の反対側から凸レンズを通して見ることのできる像**である。よって，③が正解。

STEP 3 得点アップ問題

本冊 P.62

1
(1) 焦点
(2) I
(3) C
(4) 虚像

2
(1) 虚像
(2) 向き…上下左右が同じ像
　　大きさ…大きくなる。
(3) 8cm

3
ウ

4
(1) 距離…20cm
　　大きさ…4cm

(2) ア

(3) イ

(4) イ

(5) 凸レンズを通して物体を見る。

解　説

1　ミス注意！

(1)光軸に平行に進む光は，**凸レンズで屈折し，1点で交わる。**この点を焦点という。

(2)G点が焦点ということは，凸レンズからの距離が等しいC点も焦点である。凸レンズから焦点までの距離はめもり2つ分。凸レンズからA点までの距離はめもり4つ分。よって，**Aは焦点距離の2倍の位置であることがわかる。**焦点距離の2倍の位置に物体を置いたとき，像は物体の反対側の焦点距離の2倍の位置にできる。よって，凸レンズよりめもり4つ分の距離にあるI点に像ができる。

ミス注意！

(3)**焦点に物体を置くと，像はできない。**

ミス注意！

(4)D点は焦点と凸レンズの間にあるので，ここに物体を置いても**スクリーンに像はできない。**しかし，凸レンズを通して物体を見ると，もとの物体よりも大きな像が見える。これを**虚像**という。

2　(1)焦点と凸レンズの間に物体があるときは，実像はできない。しかし，凸レンズの右側から凸レンズを通して見ると像が見える。この像を**虚像**という。
(2)虚像は，もとの物体と上下左右が同じ向きの像である。また，**像の大きさはもとの物体よりも大きい。**ルーペは，虚像の性質を利用したものである。
(3)作図すると，以下のようになる。

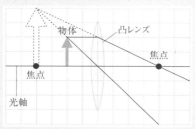

虚像の大きさは，もとの物体の2倍であることがわかる。よって，8cm。

3　ミス注意！

スクリーンに像が確認できたということは，実像ができたということである。**実像は上下左右が反対となっている。**

4　(1)物体は，焦点距離の2倍の位置にあるため，実像は，焦点距離の2倍の位置で，物体と同じ大きさになる。
これより，像ができる距離は凸レンズから20cmの位置，像の大きさは4cmであることがわかる。
(2)**焦点距離の2倍の位置よりも遠くに物体を置いたとき，像は焦点と焦点距離の2倍の位置の間にできる。**

(3)焦点距離の2倍の位置よりも遠くに物体を置いたとき，**できる像はもとの物体よりも小さくなる。**
(4)物体を凸レンズに近づけると，**できる像の位置は凸レンズから離れる。**

ミス注意！

(5)物体を15cm凸レンズに近づけると，物体は焦点と凸レンズの間に移動する。このように，焦点と凸レンズの間に物体があるときは，スクリーンに実像はできない。しかし，**物体の反対側から凸レンズを通して見ると，もとの物体よりも大きな像が確認できる。**この像を虚像という。

3 音

STEP 1　要点チェック

テストの **要点** を書いて確認　　　　　本冊P.

①低　　②小さ　　③小さ　　④低(③，④順不同)

STEP 2　基本問題

本冊P.

1　(1)波(振動)

(2)ア

(3)空気

2　(1)C

(2)A

(3)振動数

3　(1)ア

(2)ウ

(3)振幅

解　説

1　ミス注意！

(1)音は，**音源が振動し，その振動が波としてまわりの空気に伝わり，耳までとどく。**

ミス注意！

(2)音は**真空中では伝わらない。**問題の図のような装置を使い，ベルを鳴らしながら空気を抜いていくと，ベルの音が小さくなる。これは，音を伝える空気が少なくなったためである。

(3)空気を抜いていくとベルの音が小さくなったので，空気が音を伝えていたことがわかる。

2　ミス注意！

(1)音の大きさは振幅によって変化する。

振幅が大きい…大きい音　　振幅が小さい…小さい音

振幅

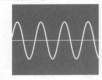 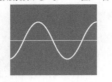

(1)モノコードなどを用いて高い音を出す方法は，次の2つがある。
・**弦の長さを短くする。**
・**弦を強く張る。**
(2)大きな音を出したい場合は，**弦を強くはじく。**

STEP 3　得点アップ問題　　　本冊 P.66

(1)1020m

(2)音の速さは光の速さよりも遅いから。
　（光の速さは音の速さよりも速いから。）

(3)0.5秒後

(4)聞こえない。

(5)真空中では振動を伝える物質がないから。

(1)A…（振動して）音が出る。
　　B…（振動して）音が出る。

(2)Aの振動が空気に伝わり，Bを振動させるから。

(3)ウ

(4)振動する回数…250回　　Hz…250Hz

(1)空気

(2)イ

(3)ウ

(1)ア　　(2)ウ

(3)エ

(4)音は大きくなる。

(5)多くなるほど音は高くなる。

解説

(3)建物の壁までの距離は85m。音がはね返ってくるということは，往復の距離を求める必要がある。よって，音が進む距離は，

$85m × 2 = 170m$

音の速さは340m/sなので，170m進むのにかかる時間は，

$170m ÷ 340m/s = 0.5s$

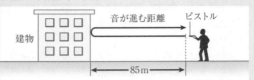

建物　　音が進む距離　　ピストル

←　85m　→

2　(1)(2)振動数が同じ音さの場合は，片方の音さが振動すると，その振動が空気中に伝わり，もう片方の音さも振動させる。これを**共鳴**という。振動数が異なる音さでは，共鳴は起こらない。
(3)1回の振動とは波形の山から山までなので，4めもり分である。
(4)1秒間に振動する回数は，$\frac{1}{0.004} = 250回$

よって，Hzで表すと250Hzである。

3　(1)試験管の上から息をふき込むと，**中の空気が振動して音が出る。**
(2)高い音を出したい場合は，**試験管内の空気を少なくすればよい。**よって，試験管内に水を入れる。
(3)コップに水を入れて棒でたたくと，コップと水全体が振動して音が鳴る。**このコップと水全体が軽いほど（水が少ないほど）振動数が多くなり，音が高くなる。**

4　

(2)ことじを移動させ，**弦の長さを短くして弦をはじくと，高い音が出る。**

4　力のはかり方

STEP 1　要点チェック

テストの**要点**を書いて確認　　　本冊 P.68

①重力　　②弾性の力（弾性力）　　③摩擦力

STEP 2　基本問題　　　本冊 P.69

1　①摩擦力　　②重力　　③弾性の力（弾性力）
　④磁石の力（磁力）

2　①イ　　②ウ　　③イ　　④ウ　　⑤ア

3　(1)21cm

(2) 0.2N

(3) 30cm

解 説

1 ①摩擦力…**物体と物体がふれ合う面にはたらく力のこ
と。**物体が運動している向きとは反対向きにはたらき，
物体の動きをさまたげる。

②重力…**地球が物体を引く力のこと。**重力は地球上の
どの場所でも，地球の中心に向かってはたらいている。

③弾性の力（弾性力）…**物体が，力を受けて変形してい
る状態からもとの形にもどろうとする力のこと。**

④磁石の力（磁力）…磁石の同じ極（N極どうし，また
はS極どうし）を近づけるとしりぞけ合い，異なる極
（N極とS極）を近づけると引き合う力のこと。

2 ①頭上に持ち上げ続けられているバーベルは，**腕で支
えられている。**

②ボールをけると，**静止していたボールが転がるので，
運動のようすが変えられている。**

③手に持たれた荷物は，**手で支えられている。**

④野球のボールをグローブで受けると，**運動していた
ボールが静止するので，運動のようすが変えられてい
る。**

⑤ソフトテニスのボールをにぎると，**形が変化する。**

3 (1)おもりを1個つるしたとき，15cmのばねが18cmに
なったということは，ばねののびは3cmである。同じ
重さのおもりをもう1個つるすと，ばねののびは，

3cm×2＝6cm

よって，ばねの長さは15cm＋6cm＝21cm

(2)60gのおもりをつるすとばねは3cmのびる。また，
60gのおもりにはたらく重力は0.6Nである。このばね
を1cmのばしたい場合は，0.6N÷3＝0.2Nの力で引け
ばよい。

ミス注意!

(3)ばねののびは，**ばねに加わる力の大きさに比
例する。**この実験で使用しているばねは，0.2Nの
力が加わると1cmのびる。重さ3Nのおもりをつ
るすと，3Nの力が加わることになるので，ばね
ののびは，

$1cm \times \dfrac{3}{0.2} = 15cm$

ばねの長さは，15cm＋15cm＝30cm

STEP 3 得点アップ問題　　　　　　　　　　本冊 P.70

1 (1)①**イ**　　②**ウ**　　③**ウ**　　④**ウ**

(2) 地球が物体を（地球の中心に向かって）引く力。

2 (1)21.0cm

(2)15.0cm

(3)1.5N

(4)B→C→A

3 (1)A…摩擦力　　C…重力

(2)名称…弾性の力（弾性力）　　力の向き…右

(3)記号…C　　理由…離れた物体にはたらくから。

---

4 (1)

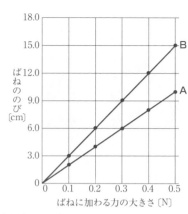

（横軸）ばねに加わる力の大きさ〔N〕

(2)比例（の関係）

(3)40.0cm

(4)30.0cm

解 説

1 (1)①かばんを持っているということは，かばん（物
体）を支えているということ。

②台車をおすと，静止していた台車（物体）が動き出す。

③ボールを手からはなすと，静止していたボール（物
体）が落下する。

④ころがるボールを足で止めると，動いていたボール
（物体）が停止する。

(2)重力とは**地球が物体を引く力**のことである。重力
は地球上のどの場所でも，地球の中心に向かってはた
らいている。

2 (1)ばね**A**は，おもりを1個つるすと3.0cmのびる。
おもり1個の質量は20gなので，ばね**A**は，0.2Nの力で
引くと，3.0cmのびる。おもり7個がばね**A**を引く力
の大きさは，0.2N×7＝1.4Nなので，ばね**A**ののびは，

$3.0cm \times \dfrac{1.4}{0.2} = 21.0cm$

(2)ばね**B**は，おもりを1個つるすと4.0cmのびる。
つまり，ばね**B**は，0.2Nの力で引くと，4.0cmのびる。
75gのおもりをつるしたとき，おもりがばね**B**を引く
力の大きさは0.75Nなので，ばね**B**ののびは，

$4.0cm \times \dfrac{0.75}{0.2} = 15.0cm$

(3)ばね**A**のびが22.5cmになるとき，ばね**A**を引く力
の大きさは，$0.2N \times \dfrac{22.5}{3.0} = 1.5N$

(4)おもり7個がばね**B**を引く力の大きさは1.4Nなの
で，ばね**B**ののびは，$4.0cm \times \dfrac{1.4}{0.2} = 28.0cm$　ばね**C**に
おもりを8個つるすと，ばね**C**ののびは28.0cmになる
ので，おもり1個をつるしたときのばね**C**ののびは，
28.0cm÷8＝3.5cm　よって，ばねののびやすい順に
B，**C**，**A**となる。

3 (1)**A**…物体がざらざらした面と接しながら運動する
とき，面から運動をさまたげる向きに**摩擦力**がはたら
く。

C…すべての物体は，地球の中心に向かって**重力**

けている。

(2)ばねは形が変わると，もとにもどろうとする**弾性の性質**をもっている。このとき生じる力を**弾性の力（弾性力）**という。ばねはのびているので，弾性の力は縮む方向の右向きにはたらく。

(4)力には，垂直抗力や摩擦力，弾性の力などのように，物体どうしが**ふれ合っていなければはたらかない力**と，重力や磁石の力などのように，物体どうしが**離れていてもはたらく力**がある。

(2)(1)のグラフは原点を通る直線になっていることから，比例の関係がある。

(3)ばねAは10gの質量のおもりをつるすと2.0cmのびるので，200gのおもりをつるすと，

$$2.0\text{cm} \times \frac{200}{10} = 40.0\text{cm のびる。}$$

(4)ばねAとばねBをつないで60gのおもりをつるすということは，**ばねA，ばねBのそれぞれに60gのおもりがつるされているのと同じことである。**質量60gのおもりをつるしたときのばねAののびは12.0cm，ばねBののびは18.0cmになる。
よって，ばねののびの和は，
12.0cm + 18.0cm = 30.0cmとなる。

力の表し方

STEP 1 要点チェック

〉トの**要点**を書いて確認 　　　　本冊 P.72

しく(同じで) 　②反対(逆向き) 　③一直線上

STEP 2 基本問題 　　　　本冊 P.73

(1)右

(2)作用点

(3)5N

(1)質量

(2)600g

(3)イ

(1)いえない。

(2)B…○ 　C…2力の大きさが等しくないから。

解説

(1)**矢印の向きは力の向き**を表しているので，指は物体を右向きにおしていることがわかる。よって，物体は右に動く。

---

(2)力のはたらく点を**作用点**といい，矢印をかくときは「・」ではっきり示す。

(3)矢印の長さは力の大きさに比例しているので，

$$1\text{N} \times \frac{2.5}{0.5} = 5\text{N}$$

2 (1)(2)上皿てんびんではかった物体そのものの量を**質量**といい，**場所が変わっても変化しない。**月面上でも，600gの分銅とつり合う。

(3)月面上での重力の大きさは，地球上の$\frac{1}{6}$なので，矢印の長さは地球上より短くなる。

3 (1)一直線上にない2力はつり合わない。

(2)Bの2力は，つり合いの3条件をすべて満たしている。

Cの2力は，一直線上にあり，向きが反対だが，2力の大きさが等しくない。

STEP 3 得点アップ問題 　　　　本冊 P.74

1 (1)①

②

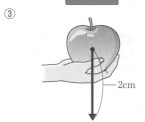

③

(2)**イ，エ，カ**

2 (1)**ウ**

(2)**ア**

(3)**オ**

(4)2力が一直線上にないから。

3 (1)30.0cm

(2)40g

(3)18.0cm

(4)10.0cm

4 (1)50N

(2)①上 　②50N 　③垂直抗力

(3)①左 　②20N 　③摩擦力

(4)50N

1 (1)① 「手がボールを支える」ので，手から上向きの矢印をかく。
② 「手がかばんを引く」ので，手から上向きの矢印をかく。
③重力を表す矢印は，物体の中心から下向きにかく。

> **ミス注意!**
> (2)**ア** 月面上など，場所によって「重さ」は変化する場合があるが，「質量」はどんな場所でも変化しない物体そのものの量なので，あやまりである。
> **ウ** ばねばかりは重さをはかる器具なので，あやまりである。
> **オ** N(ニュートン)は力の大きさを表す単位なので，あやまりである。

2 (1)2力は一直線上にあり，向きが反対だが，**大きさが等しくないので，つり合わない**。物体は左に動く。
(2)2力は一直線上にあり，向きが反対で，大きさが等しいのでつり合っている。物体は動かない。

> **ミス注意!**
> (3)，(4)2力は向きが反対で，大きさが等しいが，**一直線上にないので，つり合わない**。物体は，2力の作用点を結ぶ線分の中点を中心に，反時計回りに回転する。

3 (1)ばねAは10gのおもりをつるすと2.0cmのびる。つまり，ばねAは0.1Nの力で引くと2.0cmのびる。ばねAに150gのおもりをつるすと，ばねAを引く力の大きさは1.5Nなので，ばねAののびは，

$$2.0cm \times \frac{1.5}{0.1} = 30.0cm$$

> **ミス注意!**
> (2)**月面上では，重力は6分の1になる**。
> ばねが2.0cmのびたということは，地球上で同じおもりを使って実験すると，
> 2.0cm×6＝12.0cmのびることになる。
> 表より，ばねBののびが12.0cmになるのは，おもりの質量が40gのときである。

(3)ばねAとばねBをつないで60gのおもりをつるすということは，**ばねA，ばねBのそれぞれに60gのおもりがつるされているのと同じことである**。表より，質量60gのおもりをつるしたときのばねBののびは18.0cmである。

> **ミス注意!**
> (4)月面上では重力が6分の1になる。よって，月面上で120gのおもりをつけてばねののびを調べる実験を行うと，地球上で20gのおもりをつけて実験をするのと同じ結果が得られる。表より，質量20gのおもりをつるしたときのばねAののびは4.0cm，ばねBののびは6.0cm。よって，ばねののびの和は，4.0cm＋6.0cm＝10.0cmとなる。

4 (1)100gの物体にはたらく重力が1Nだから，5kgの物体には50Nの重力がはたらいている。物体はこの重力と同じ大きさの力で床を下向きにおしている。

(2)物体が落ちないで静止しているのは，**物体が重〔 〕とつり合う力を床から受けている**からである。(そ〔 〕でなかったら，物体は床を突き破って下に落ちる。)
重力とつり合う力は，物体が面から受ける面に垂直〔 〕な向きの力で，垂直抗力という。

> **ミス注意!**
> (3)物体をおしたが動かなかったのだから，物体はおされた力(右向き20N)とつり合う力(左向き20N)をどこからか受けている。**この力は，物体が面〔 〕の上を移動するのをさまたげるから，摩擦力**〔 〕

(4)物体が床の面から離れたとき，手が引く力の大〔 〕さは，物体にはたらく重力の大きさに等しいので50N〔 〕ある。

---

❶ (1)

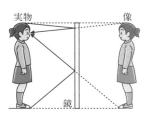

実物　　　　　　　　像

鏡

(2)80cm以上

❷ (1)ア
(2)スクリーンは凸レンズに近い位置になり，像は〔 〕さくなる。
(3)BとCの間
(4)ウ

❸ (1)A
(2)AとB
(3)ウ

❹ (1)フックの法則
(2)ア，ウ
(3)4cm
(4)10個
(5)10.5cm

❶ (2)自分の全身を鏡にうつす場合，からだと鏡の距〔 〕に関係なく身長の半分以上の大きさの鏡であれば全身〔 〕をうつすことができる。

❷
> **ミス注意!**
> (1)スクリーン上にできる**実像**は，**上下左右が反〔 〕対になる**。

(2)光源を凸レンズから遠ざけると，スクリーン上に〔 〕うつる実像は小さくなる。

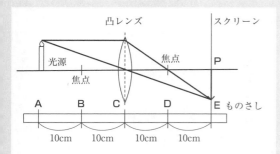

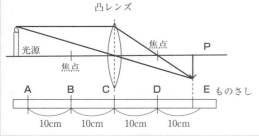

(3)スクリーンのほうから凸レンズを通して光源を見たときに見える像を**虚像**という。虚像は，光源が焦点と凸レンズの間にある場合に見ることができる。

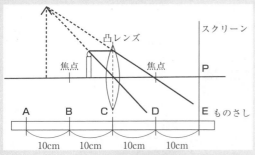

(4)凸レンズによって，**おおう前と同じ像はできるが，入る光の量が半分になるので，暗い像ができる。**

3 (1)モノコードなどを用いて高い音を出す方法は，次の2つがある。
・**弦の長さを短くする。**
・**弦を強く張る（おもりの質量を大きくする）。**
つまり，表の中から，弦が短く，おもりの質量が大きいものを選べばよい。

(2)弦の長さが異なり，おもりの質量が同じものを比べればよい。

(3)**振幅を大きくした**ということから，BのほうがCよりも**音が大きい**ということがわかる。また，BとCではBのほうが**おもりの質量が大きい**ことから，**高い音が出る**ことがわかる。

4 (1)ばねののびは，ばねを引く力の大きさに比例する。この法則を**フックの法則**という。

(2)ばねにおもりをつるしたとき，おもりには，**重力**（地球がおもりを引く力）と**弾性力**（ばねがおもりを引く力）がはたらいている。おもりがばねを引く力は，ばねにはたらく力，ばねが天じょうを引く力は，天じょうにはたらく力である。

(3)おもり1個の質量は20gなので，おもり1個にはたらく重力の大きさは0.2Nである。ばねAにおもりを4個つるしたとき，ばねAを引く力の大きさは，
0.2N×4＝0.8N　図2より，力の大きさが0.8NのときのばねAののびは4cmである。

(4)図2より，力の大きさが1.0Nのとき，ばねBののびは2cmなので，ばねBののびが4cmになるときの力の大きさは2.0Nである。おもり1個にはたらく重力の大きさは0.2Nなので，おもりの個数は，
2.0÷0.2＝10個

(5)ばねA，ばねBそれぞれを引く力の大きさは，1.5Nである。ばねを引く力の大きさが1.5Nのとき，

ばねAののびは，$1cm × \dfrac{1.5}{0.2} = 7.5cm$，ばねBののびは，

$2cm × \dfrac{1.5}{1.0} = 3cm$　よって，ばねAとばねBののびの

合計は，7.5cm＋3cm＝10.5cm

1 火山

STEP 1 要点チェック

テストの 要点 を書いて確認
本冊 P.78

①強い(大きい)　②白　③弱い(小さい)

④黒　⑤等粒状　⑥斑状

⑦石基　⑧斑晶

STEP 2 基本問題
本冊 P.79

1 (1)マグマ
　(2)溶岩
　(3)火山ガス
　(4)水蒸気

2 (1)地熱発電
　(2)ウ

3 (1)A…火山岩
　　B…深成岩
　(2)a…流紋岩
　　b…花こう岩
　　c…安山岩
　　d…はんれい岩
　(3)セキエイ，チョウ石

解説

1 (1)マグマとは，地下深くにある岩石などがどろどろにとけた高温の物質のことである。
ミス注意!
(2)マグマが火口からあふれたものを**溶岩**とよぶ。
(3)火山噴出物の中には，溶岩のほかに，**火山弾，軽石，火山灰，火山ガス**などがある。
(4)火山ガスとは，**マグマの中にふくまれていた成分が，冷えていく過程で気体となって出てきたもの**である。水蒸気を主成分とし，二酸化炭素や二酸化硫黄などもふくまれる。

2 (1)火山の熱を利用して発電を行うのは，**地熱発電**である。ほかに火山の熱を利用したものとしては，**温泉**がある。
(2)**火砕流**とは，火山灰などが高温のガスとともに山の斜面を高速で流れ下る現象である。

3 (1)Aは玄武岩があることから，火山岩だとわかる。Bは閃緑岩があることから深成岩だとわかる。
(2)a，bは色が白っぽいことから，**流紋岩と花こう岩**のどちらかであることがわかる。無色鉱物の多い火山岩は流紋岩。無色鉱物の多い深成岩は花こう岩。
(3)a，bは色が白っぽいことから，**無色鉱物を多くふくんでいる**ことがわかる。無色鉱物は**セキエイとチョウ石**の2種類。

STEP 3 得点アップ問題
本冊 P.8

1 (1)マグマ
　(2)ウ
　(3)C
　(4)イ
　(5)A
　(6)①火山ガス　②溶岩
　(7)ねばりけ

2 (1)花こう岩…深成岩
　　安山岩…火山岩
　(2)図1…等粒状組織
　　図2…斑状組織
　(3)a…石基
　　b…斑晶
　(4)図1…マグマが地下深くでゆっくり冷えて固まてできた。
　　図2…マグマが地表や地表付近で急に冷えて固ってできた。
　(5)チョウ石

3 (1)イ
　(2)BとC
　(3)②　(4)セキエイ

解説

1 **ミス注意!**
(1)地下深くにある，岩石などがどろどろにとけた高温の物質のことを**マグマ**という。このマグマが地表に出てきたものを**溶岩**という。

(2)Aのようなうすく横に広がった形の火山は，比較的おだやかな噴火が起こりやすい。
ミス注意!
(3)おわんをふせたような形の火山が最も激しく噴火する。
噴火が激しいほうから**C→B→A**の順である。

(4)Aの形をした火山には，マウナロアやキラウエアがあり，Bの形をした火山には，富士山や桜島などがある。
ミス注意!
(5)おわんをふせたような形の火山の溶岩は白っぽく，うすく横に広がった形の火山の溶岩は黒っぽい。また，溶岩は白っぽいものほどねばりけが強く，黒っぽいものほどねばりけが弱い。

(6)火山噴出物には次のようなものがある。
溶岩…地下のマグマが地表に流れ出したものやそれが冷え固まったもの。
火山弾…まだじゅうぶんに固まっていない溶岩がちきれてふき上げられ，空気中で固まったもの。
軽石…溶岩がふき上げられたとき，内部にふくまれていたガスが抜けてできた穴がたくさんある。

火山灰…細かい溶岩の破片。粒の大きさは2mm以下。

火山ガス…マグマの中にふくまれていた成分が，冷えていく過程で気体となって出てきたもの。水蒸気を主成分とし，二酸化炭素や二酸化硫黄などもふくむ。

> **ミス注意！**
> (7)**マグマのねばりけのちがいによって，火山の形や溶岩の色にちがいが出る。**

2 (1)**火山岩**…流紋岩，安山岩，玄武岩

　　深成岩…花こう岩，閃緑岩，はんれい岩

(2)**等粒状組織**…1つ1つの鉱物が大きく，同じくらいの大きさの鉱物が多い。

　　斑状組織…形がわからないほどの小さな粒の間に，比較的大きな結晶が散らばって見える。

(3)**石基**…斑状組織の中に見られる，**非常に細かな粒やガラス質の部分。**

　　斑晶…斑状組織の中に見られる，**比較的大きな結晶。**

(4)等粒状組織をもつ火成岩は，マグマが地下深くでゆっくり時間をかけて冷やされるので，1つ1つの鉱物の粒が大きい。しかし，斑状組織をもつ火成岩は，マグマが地表や地表付近で急に冷やされてできる。よって，鉱物は形が見えないほど非常に小さなもの(**石基**)が多く，地下深くでできた比較的大きな黒色や白色の結晶(**斑晶**)が散らばって見える。

(5)色が白色かうす桃色というところから，**無色鉱物**であることがわかる。無色鉱物は**セキエイ**と**チョウ石**の2つ。柱状に割れるのはチョウ石。

3 (1)火山灰を観察するときは，まずは火山灰に水を加えて，指で軽くおし洗いをし，よごれや細かなゴミをとり除く。それを何度かくり返したものを観察する。

(2)Aは有色鉱物。B，Cは無色鉱物である。

(3)鉱物Aはクロウンモである。クロウンモの特徴は②である。

①はキ石，③はカンラン石，④はカクセン石，⑤は磁鉄鉱の特徴である。

地震の伝わり方

P 1 要点チェック

テストの**要点**を書いて確認　　本冊 P.82

①震源　　②震央　　③震度

④マグニチュード　　⑤P波

⑥S波

P 2 基本問題

本冊 P.83

(1)震源

(2)震央

(3)同心円状に伝わる。

(1)a…初期微動

---

　　b…主要動

(2)初期微動継続時間

(3)**A**地点

3 (1)土砂くずれ

(2)津波

(3)液状化(現象)

> **解説**

1 > **ミス注意！**
> (1)地震が発生した場所を**震源**という。

> **ミス注意！**
> (2)震源の真上の地表の地点を**震央**という。

(3)地震のゆれは同心円状に伝わる。一般に，震源からの距離が等しければ地震が届く時刻はほぼ等しい。

2 > **ミス注意！**
> (1)aの初期微動は，地震が発生したときにはじめに起こる小さなゆれのことである。bの主要動は初期微動のあとに起こる大きなゆれである。

(2)(3)初期微動継続時間とは，**ある観測地点での，P波が到着してからS波が到着するまでの時間の差のことである。**震源からの距離が遠くなるほど初期微動継続時間は長くなる。

3 (1)**土砂くずれ**は，地震による振動のほか，豪雨などによっても引き起こされることがある。

(2)**海溝型地震**が起こり，海底が変動すると海水全体がもち上げられ，広範囲の海岸にくり返しておし寄せる。大量の海水が移動するため，大きなエネルギーをもつ。

(3)地盤が液体状になることにより，建物が倒れたり，水道管が浮き上がったりする。

STEP 3 得点アップ問題　　本冊 P.84

1 (1)①回転ドラム

　　②おもり(針)

(2)**ウ**

(3)震源までの距離が短かったから。

(4)震度は地震のゆれの大きさを表し，マグニチュードは地震そのものの規模を表す。

2 (1)初期微動…8km/s

　　主要動…4km/s

(2)
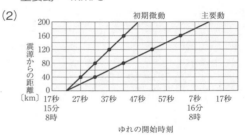

(3)長くなる。

(4) 8時15分22秒

3 (1) Y

(2) a

(3) A

(4) ①海洋　　②大陸
　　③大陸　　④大陸

(5) エ

(6) 日本列島付近では4つのプレートが集まっている
　　ため。

解説

1 (1) 地震計は，地面がゆれても，ばねにつるされたお
もりは動かない。そのため，おもりにつけられた針が
地震のゆれを記録紙に記録できる。

ミス注意！

(2) 最初のゆれである初期微動を伝える波をP波
という。

(3) ゆれの記録が大きかったことから，**記録した地震
よりも，ゆれが大きかったことがわかる**ので，震源ま
での距離がより近かったと推測することができる。

(4) 震度は観測点によって異なる値を示すが，マグニ
チュードは1回の地震で1つの値である。

2 (1) 表より，震源から40kmの地点**A**で初期微動が始
まったのは8時15分27秒。80kmの地点**B**で初期微動が
始まったのは8時15分32秒。これより，40kmを5秒で
伝わったことがわかる。よって，初期微動を伝える波
の速さは，

40km ÷ 5s = 8km/s

一方，震源から40kmの地点**A**で主要動が始まったの
は8時15分32秒。80kmの地点**B**で主要動が始まったの
は8時15分42秒。これより，40kmを10秒で伝わったこ
とがわかる。よって，主要動を伝える波の速さは，

40km ÷ 10s = 4km/s

ミス注意！

(2) グラフをかくときは，震源からの距離と，初
期微動が始まった時刻，主要動が始まった時刻を
それぞれ記録し，直線で結ぶ。

(4) (2)のグラフより，震源からの距離が0kmのとき
のゆれの開始時刻を読みとればよい。

3 (1) Xは**大陸プレート**，Yは**海洋プレート**である。
(2) 下の図のように，プレートは海嶺などで生まれた
あと，地球の表面を移動して，地球内部に沈み込んで
いると考えられている。日本付近では，海嶺で発生し
た海洋プレートが大陸プレートの下に沈み込む方向に
動いている。

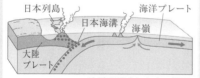

(3) 海底では，海洋プレートが大陸プレートの下に沈

み込み，海洋プレートに引きずられて，大陸プレー
の先端が沈降する。そして，大陸プレートの先端部
隆起してもとにもどるときに地震が起こる。よって
海洋プレートと大陸プレートがぶつかっているA点
震源があるときにマグニチュードの大きな地震が起こ
る。

(4) 地震の起こるしくみを図で表すと，下のように
る。

海洋プレートが
大陸プレートの
下に沈み込む。

大陸プレートが
海洋プレートに
引きずり込まれる。

大陸プレートが
ひずみに耐えき
れなくなって反
発するときに地
震が起こる。

(6) **日本付近には，太平洋プレート，ユーラシアプレー**
ト，フィリピン海プレート，北米プレートという4つ
のプレートがある。日本があるユーラシアプレート
北米プレートの下に，フィリピン海プレートと太平
プレートが，年に少しずつ（数cm程度）沈み込み，
レートの境目がひずんでいき，地震が起こる。**日本で**
は，特に太平洋側で地震が発生しやすい。

3 大地の変化(1)

STEP 1 要点チェック

テストの 要点 を書いて確認　　　本冊 F

①示相化石　　②サンゴ　　③アサリ（ハマグリ）
④シジミ　　⑤示準化石
⑥新生代　　⑦サンヨウチュウ　　⑧アンモナイト

STEP 2 基本問題　　　　　本冊 F

1 (1) 風化

(2) はたらき…侵食，記号…A

(3) 露頭

(4) ア

2 (1) F

(2) ウ

(3) 示準化石

解説

1

> **ミス注意!**
> (1)地表付近の岩石の表面がもろくなり，**表面からぼろぼろになってくずれる現象を風化**という。

> **ミス注意!**
> (2)流水には次の3つのはたらきがある。
> **侵食**…岩石の表面をけずりとる。
> **運搬**…けずりとった土砂を流れによって運ぶ。
> **堆積**…運んできた土砂を，流れのゆるやかな場所に積もらせる。
> 図では，**Aで侵食や運搬，Bで運搬，Cで堆積**がさかんである。

(3)海底などでできた地層が，大地の変動などによって地上で観察できる場所がある。地層が観察できるがけなどを**露頭**という。

(4)**イ** ふつう，地層の下にある層ほど古く，上の層ほど新しい。**ウ** 地層をつくる層の厚さは，層によってばらばらなのであやまり。

2

> **ミス注意!**
> (1)地層は，下から上に堆積する。よって，地層の逆転がない限り**下の層ほど古い時代に堆積した層**である。これより，いちばん下の**F層**が最も古いと考えられる。

> **ミス注意!**
> (2)サンゴは**あたたかくて浅い海**で生活している。サンゴの化石のように，**その地層が堆積した当時の環境がわかる化石**を，**示相化石**という。おもな示相化石の例は次のとおり。
> **カキ，アサリ，ハマグリ**…浅い海
> **ホタテ**…冷たい沖合
> **サンゴ**…あたたかくて浅い海
> **シジミ**…河口や湖
> **ブナ**…温帯のやや寒冷な地域

(3)**地層が堆積した時代を知る手がかりとなる化石を，示準化石**という。おもな示準化石の例は次のとおり。
サンヨウチュウ，フズリナ…古生代
アンモナイト…中生代
ナウマンゾウ，ビカリア…新生代

P3 得点アップ問題

本冊 P.88

(1) A…ウ
　　B…イ
　　C…ア
(2) ① ア
　　② イ
(1) 風化
(2) ア，エ
(3) A…侵食，運搬
　　B…運搬
　　C…堆積
(4) Q
(5) ①扇状地
　　②三角州
(6) V字谷

3 (1) イ，エ
(2) Eの層
(3) 火山の噴火
(4) 大地の変化などで，海底にあった地層が隆起して地上に現れるから。

4 (1) A…エ
　　B…イ
　　C…オ
　　D…ウ
　　E…ア
(2) A…新生代
　　B…中生代
　　C…中生代
　　D…古生代
　　E…新生代
(3) 示相化石…ア
　　示準化石…ウ

解説

1

> **ミス注意!**
> (1)(2)土砂が堆積するときは，**土砂の粒が小さいほど水の流れによって運ばれやすいので，沖合に堆積する**。土砂の粒の大きさは，
> **れき ＞ 砂 ＞ 泥** の順である。
> れき，砂，泥は粒の大きさで区別される。
> **れき**…直径が2mm以上の粒。
> **砂**…直径が$\frac{1}{16}$mmから2mmの粒。
> **泥**…直径が$\frac{1}{16}$mm以下の粒。

2 (1)(2)風化とは，岩石の割れ目にしみこんだ水が氷になって，体積が増すことで割れ目が広がったり，温度変化により，岩石が膨張・収縮をくり返したりすることによって起こる。
(3)流水には次の3つのはたらきがある。
侵食…岩石の表面をけずりとる。
運搬…けずりとった土砂を流れによって運ぶ。
堆積…運んできた土砂を，流れのゆるやかな場所に積もらせる。
図では，**Aで侵食や運搬，Bで運搬，Cで堆積**がおもに見られる。
(4)粒の小さい泥や砂は流水によって遠くまで運ばれる。よって，岸からはなれた遠くの**Q**に堆積する。

(5)①扇状地とは，土砂などが堆積してできた扇形の地形のことである。川が山地から平地に出て，流れが急にゆるやかになるところで見られる。
②三角州とは，土砂が堆積してできる三角形の低地のことである。流れのゆるやかな河口付近で見られる。
(6)V字谷とは，流水によって，山がけずられてできるV字型の深い谷のことである。流れの速い上流で見られる。

3 (1)ア 粒の小さいものほど遠くまで流されるので沈むのは遅い。よって，あやまり。
ウ 堆積する土砂からできた粒は，流水に運ばれるうちに角がけずられて丸くなっているのであやまり。

ミス注意！
(2)一般に，地層は**下にあるものほど先に堆積した古い層**である。

(3)Dの層は火山灰でできているということから，当時噴火した火山からふき出した火山灰が堆積したものであることがわかる。
(4)堆積当時は海中にあった場所も，**地震の影響など**で大地は盛り上がったり，沈んだりしている。

4 (2)おもな化石からわかる地質年代は次のとおり。
サンヨウチュウ，フズリナ…古生代
アンモナイト，ティラノサウルス(恐竜)…中生代
ナウマンゾウ，ビカリア…新生代

ミス注意！
(3)**示相化石**…地層が堆積した当時の環境を知る手がかりとなる化石。
示相化石の条件は次のとおり。
・**生活環境が限られた生物の化石**。
・**個体数が多く**，化石としてよく発見される。
・**種としての寿命が長い生物の化石**。
示準化石…地層が堆積した年代を知る手がかりとなる化石。
示準化石の条件は次のとおり。
・**広い範囲にすみ，限られた短い期間に栄えて絶滅した生物の化石**。
・**個体数が多く**，化石としてよく発見される。

4 大地の変化(2)

STEP 1 要点チェック

テストの要点を書いて確認　　　　本冊 P.90

①れき岩　　②泥岩　　③石灰岩
④チャート　⑤丸み　　⑥二酸化炭素
⑦火山の噴火(火山活動)

STEP 2 基本問題　　　　本冊 P.91

1 (1)堆積岩
(2)A…れき岩
B…砂岩

C…泥岩
D…石灰岩
E…チャート
(3)二酸化炭素
(4)E
(5)凝灰岩

2 (1)柱状図
(2)e
(3)かぎ層
(4)上昇した。

解説

1 (1)地層をつくる堆積物は，長い年月の間に強い力によっておし固められ，**岩石**となる。このようにしてきた岩石を**堆積岩**という。
(2)土砂の粒の大きさは，
れき ＞ 砂 ＞ 泥 の順である。
れき岩，砂岩，泥岩は堆積物の粒の大きさで区別される。
れき岩…直径が2mm以上の粒でできている。
砂岩…直径が$\frac{1}{16}$mm ～ 2mmの粒でできている。
泥岩…直径が$\frac{1}{16}$mm以下の粒でできている。
(3)石灰岩に塩酸を加えると，**二酸化炭素**が発生する。
(5)火山灰などが降り積もって固まってできた堆積岩を凝灰岩という。

2 (1)地層の重なり方を柱状の図に表したものを**柱状図**という。

ミス注意！
(2)地層は**地層の逆転がない限り，ふつう下の層ほど古い時代に堆積したもの**である。

(3)離れた場所にある地層が同じものであると判断するときに利用できる地層のことを**かぎ層**という。
おもなかぎ層の例
凝灰岩の層…短期間のうちに火山灰などが広範囲にわたって堆積してできる。堆積当時，火山活動があったことがわかる。

ミス注意！
(4)地層の重なり方が，れき(d)→砂(c)→泥(b)の順になっているため，だんだん海の深いところで堆積していったことになる。海がだんだん深くなっているということは，海水面が上昇したと考えられる。

STEP 3 得点アップ問題　　　　本冊 P.9

1 (1)A…砂岩
B…れき岩
C…石灰岩
D…チャート

E…凝灰岩

(2) 流水によって運ばれ，ぶつかり合って，角がとれ
　　て丸くなったから。

(3) D

(4) E

(1) 海溝

(2) 海嶺

(3) ア

(4) マグマ

(1) しゅう曲

(2) 古生代

(3) イ→エ→ア→カ→オ→ウ

(1) 柱状図

(2) 1回

(3) 凝灰岩

(4) ふくまれる粒の大きさ

(5) b → d → a → c

(6) ア

解説

1 (1) れき岩と砂岩のちがいは次のとおり。

れき岩…直径が2mm以上の粒でできている。

砂岩…直径が$\frac{1}{16}$mm ～ 2mmの粒でできている。

れき岩のほうが，砂岩よりも粒が大きい。よってAが
砂岩，Bがれき岩であるとわかる。
うすい塩酸をかけると二酸化炭素が発生するというこ
とから，**Cは石灰岩**ということがわかる。
石灰岩とチャートは両方とも生物の死がいが堆積して
できるが，チャートはうすい塩酸をかけても何も反応
が起きない。
Eの軽石のかけらは火山噴出物である。よって，Eは
火山灰などが固まってできた**凝灰岩**であることがわか
る。

(2) 風化・侵食された岩石は**流水**によって運ばれる。
流水で運ばれるうちに岩石どうしがぶつかり合った
り，川底にぶつかったりして，角がけずられていく。

(3) チャートは**非常にかたく**，ハンマーでたたくと火
花が出る。

(4) 火山噴出物には**火山灰，火山れき，軽石**などがある。

2 (1) プレートの沈み込むところを**海溝**という。

(2) 海底にある大山脈を**海嶺**という。

ミス注意!

(3) 海嶺でうまれたプレートは広がり，海溝で大
陸プレートの下に沈み込む向きに動く。

(4) 海洋プレートの沈み込んだ部分でつくられた**マグ
マ**が地上に上昇したものが火山となる。

3 (1) しゅう曲とは，地層を圧縮する大きな力がはたら
き，地層が波打つように曲がったものである。

ミス注意!

(2) おもな化石からわかる地質年代は次のとおり。
サンヨウチュウ，フズリナ…古生代
アンモナイト，恐竜…中生代
ナウマンゾウ，ビカリア…新生代

(3) 一般に，**地層は下の層ほど古い**ことから，A層が
堆積してから，B層が堆積したことがわかる。また，
P-Qの不整合面（でこぼこした面）があることから，
海底でできた地層が隆起して陸地になり，その後沈降
して再度海底で地層ができたことがわかる。問題のが
けのでき方をまとめると，A層が海底で堆積し（**イ**），
しゅう曲・隆起して陸地になって（**エ**），風化・侵食さ
れ（**ア**），沈降して再び海底になり（**カ**），B層がで
き（**オ**），再び隆起して陸地になった（**ウ**）と考えら
れる。

4 (1) 地層の重なり方を柱状の図に表したものを**柱状図**
という。

(2) 火山の噴火があった回数を調べるには，**柱状図の
中に火山灰の層がいくつあるかを調べればよい**。この
柱状図では，**火山灰の層は1つ**なので，過去に1回噴
火があったことがわかる。

(4) れき岩，砂岩，泥岩は粒の大きさで区別される。
土砂の粒の大きさは，

れき岩 ＞ 砂岩 ＞ 泥岩 の順である。

(5) 地層はふつう下の層ほど古い。したがって，かぎ
層となる火山灰の層よりもかなり下にある**b**の層が最
も古く，次が火山灰の層と泥の層をはさんで下にある
dの層で，さらに火山灰の層のすぐ上の**a**の層となり，
火山灰の層と泥の層をはさんで上にある**c**の層が最も
新しい。

ミス注意!

離れた地層の新旧を比べるときは，まず火山灰の
層などのかぎ層をさがす。調べたい層とかぎ層の
位置関係から，地層の新旧がわかる。

(6) 地点Bと地点Dの地層のようすはほぼ一致してい
るので，南北方向には傾いていないことがわかる。ま
た，火山灰の層は，地点A→B→Cと東に向かって低
い位置にあるので，この付近の地層は東に低くなるよ
うに傾いていることがわかる。

第4章 | 大地の変化
定期テスト予想問題 　　　　　　　本冊 P.94

1 (1) 火山の形…b 　　噴火のようす…ア

(2) ウ

2 (1) A

(2) 大きさのそろった白っぽい鉱物を多くふくむから。

3 (1) 初期微動

(2) 7.5km/s

(3) 150km

(4) イ

4 (1) 凝灰岩

(2) あたたかくて浅い海

(3) イ→ウ→ア

(4) イ

解説

❶ (1)火山灰の色から，火山の噴火のようすがわかる。
火山灰が白っぽい…火山の形はおわんをふせたような形，激しい噴火をする。
火山灰が黒っぽい…火山の形はうすく横に広がった形，おだやかに噴火をする。
火山灰Aは白っぽい鉱物が多くふくまれているので，火山の形はb，噴火のようすはアが正解。
(2)火山灰には**無色鉱物**と**有色鉱物**がふくまれる。
無色鉱物…セキエイ，チョウ石
無色鉱物のうち，**セキエイは無色，もしくは白色で不規則に割れる。一方，チョウ石は白色，うす桃色をしており，柱状に割れる性質がある。**

❷ (1)(2)花こう岩をつくっている鉱物は，すべて大きい結晶で，**等粒状組織**をしている。色は白っぽい。
Bがはんれい岩，Cが安山岩である。

❸ (1)初期微動とは，**地震が発生した際にはじめに起こる小さなゆれのこと**である。
(2)**図2**を見ると，震源からの距離が150kmのとき，P波が届くまでの時間が20秒であることがわかる。これより，
$150km ÷ 20s = 7.5km/s$
(3)グラフより，P波が到着してからS波が到着するまでの時間が15秒になるのは，震源からの距離が150kmの地点である。

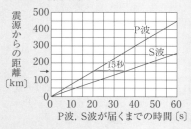

(4)日本付近では，大陸プレートの下に海洋プレートが沈み込んでいて，プレートの境目に震源が集中している。下の図のように，震源の深さは太平洋側で浅く，日本海側に向かって深くなっている。よって，**イ**はあやまり。このほかに，日本列島の地下では震源の浅い地震が起こっている。

・地震が発生しやすい場所

❹ (1)凝灰岩は**火山灰などの火山噴出物が固まってできたもの**である。
(2)サンゴは**あたたかくて浅い海で生息している**ことから，地層が堆積した当時あたたかくて浅い海であったことがわかる。このように，当時の環境がわかる化石を**示相化石**という。

(3)凝灰岩の層は1つしかないことから，凝灰岩の層をかぎ層として堆積した時代を考える。凝灰岩の層よりかなり下にある**イ**の層が最も古く，凝灰岩の真下にある**ウ**の層が次に古い。そして，凝灰岩の層の真上にある**ア**の層が最も新しい層である。
(4)3地点の標高から，地層の標高を考えると，次の図のようになる。
図より，凝灰岩の層の上面の標高を比べると，Aは43m，Bは53m，Cは53mとなり，Aの凝灰岩の層の標高が低いので，地層が西に傾いて低くなっていることがわかる。

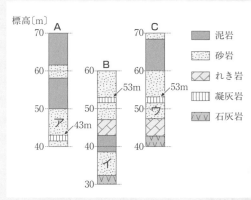

ミス注意！
各地点の標高を確認するのを忘れないようにする。